青少年灾难自救丛书
QINGSHAONIAN
ZAINAN ZIJIU CONGSHU

热浪袭人

姜永育 编著

四川教育出版社

图书在版编目（CIP）数据

热浪袭人/姜永育编著. —成都：四川教育出版社，
2016.10
（青少年灾难自救丛书）
ISBN 978-7-5408-6682-2

Ⅰ.①热… Ⅱ.①姜… Ⅲ.①高温－气象灾害
－自救互助－青少年读物 Ⅳ.①P427－49

中国版本图书馆 CIP 数据核字（2016）第 244987 号

热浪袭人

姜永育　编著

策　　划	何　杨
责任编辑	邓　然
装帧设计	武　韵
责任校对	佐倚丽
责任印制	吴晓光
出版发行	四川教育出版社
地　　址	成都市黄荆路 13 号
邮政编码	610225
网　　址	www.chuanjiaoshe.com
印　　刷	三河市明华印务有限公司
制　　作	四川胜翔数码印务设计有限公司
版　　次	2016 年 10 月第 1 版
印　　次	2021 年 5 月第 2 次印刷
成品规格	160mm×230mm
印　　张	9
书　　号	ISBN 978-7-5408-6682-2
定　　价	28.00 元

如发现印装质量问题，请与本社联系调换。电话：(028) 86259359
营销电话：(028) 86259605　邮购电话：(028) 86259605
编辑部电话：(028) 86259381

引子 INTRODUCTION

太阳火辣辣地照耀着大地，地面像着了火一般，高温一浪接一浪地袭来——酷热难耐，老天这是怎么啦？

高温热浪，是地球上一种比较常见的气象灾害。热浪就好比海浪一样，一波接一波地送来让人难以忍受的高温空气。在它的淫威下，人类的生产和生活都会受到严重影响，有时甚至会出现热死人的现象。

当高温热浪威胁到我们的生命时，该如何逃生自救呢？

贝尔·格里尔斯是全球大名鼎鼎的逃生专家。有一次，贝尔被"扔"在了人迹罕至的北美沙漠里。时值盛夏，沙漠里热浪滚滚，为了避免被烈日灼伤，他用衣服把脑袋包了起来，并戴上墨镜以保护眼睛。

在滚烫的沙地里没走出多久，贝尔便感到呼吸急促，汗水不停喷涌出来。水！此时的贝尔口渴难耐，迫切需要水的滋润。可是放眼望去，沙漠里黄沙漫漫，哪里有水的踪影！

如果不能及时补充水分，一旦身体脱水，在沙漠里就只有死路一条。万般无奈之下，贝尔将自己的尿液收集起来喝掉，之后，他又扔掉了背包里不必要的物品，继续前行寻找水源。

此时阳光更加炽烈，沙漠里的气温达到了40摄氏度以上，地面温度更是高达60摄氏度。贝尔一路前行一路寻找。他的呼吸越来越粗重，脚步越来越缓慢。

终于，贝尔走到了沙漠中的一座小山下，依靠丰富的野外生存经验，他在山脚下找到了一个小水塘。面对近在咫尺的救命水，贝尔却没有立刻饮用，因为水看上去很脏，而且有其他动物饮用过的痕迹。于是，贝尔用活性炭和芦苇管做了一个小小的过滤器，将水过滤之后，这才开始慢慢饮用。

喝足水之后，贝尔又将过滤水装了满满一水瓶，并在水塘中舒舒服服地洗了个澡，这才踏上了走出沙漠的征程……

看了上面这个逃生故事，你得到了什么启迪？没错，贝尔的逃生经验告诉我们：在高温热浪肆虐的沙漠里，防止脱水是求生的关键。如果实在找不到水源，你可以喝自己的尿液补充水分；即使找到水源，也应经过消毒或过滤处理后才能饮用。此外，在烈日下行走时，还须保护头部等裸露的肌肤以免晒伤。

以上仅仅是高温热浪逃生自救的一个小片断，如果你想了解更多的知识，那就赶紧翻开本书吧！

科学认识热浪

高温热浪传说	(002)
太阳的嫌疑	(004)
高温"真凶"	(006)
热浪"帮凶"	(008)
中国"大火炉"	(010)
全球高温大比拼	(012)
高温热死人	(014)
热浪引大火	(016)
大旱"元凶"	(019)

热浪来临前兆

火烧云,兆天晴	(024)

瓦块云，晒煞人 …………………………………… (026)

日晕晒死虎 ……………………………………… (029)

朝雾兆晴天 ……………………………………… (031)

六月东风干断河 …………………………………… (033)

立夏无雨三伏热 …………………………………… (035)

夏至无云三伏热 …………………………………… (037)

黄梅季节观旱情 …………………………………… (039)

昆虫知晴热 ……………………………………… (042)

鸡鸭兆天晴 ……………………………………… (044)

燕子"赶集"天要旱 ………………………………… (046)

奇妙风雨花 ……………………………………… (048)

预报天气的大树 …………………………………… (050)

热浪逃生自救及防御

停下喘口气 ……………………………………… (054)

大声喊暂停 ……………………………………… (056)

跑步要当心 ……………………………………… (058)

科学锻炼三原则 …………………………………… (061)

防晒防脱水 ……………………………………… (063)

高温天气防中暑 …………………………………… (065)

中暑急救五要诀 …………………………………… (068)

冷静逃离公交车 …………………………………… (071)

砸碎车窗逃生 …………………………………… (073)

森林逆风逃生 …………………………………… (075)

溪水里保命 ……………………………………… (078)

全力自救不放弃 …………………………………… (080)

远离火灾 …………………………………………（083）

正确使用空调 ……………………………………（085）

下河游泳要小心 …………………………………（087）

勿进喷水池 ………………………………………（089）

别靠近动物 ………………………………………（092）

预防热伤风 ………………………………………（094）

高温监测与预报 …………………………………（096）

人体舒适度指数 …………………………………（098）

发布高温预警 ……………………………………（100）

人工增雨退烧 ……………………………………（102）

高温热浪逃生自救准则 …………………………（104）

热浪灾难警示

天府之国的梦魇 …………………………………（108）

热浪肆虐欧罗巴 …………………………………（112）

南亚高温灾难 ……………………………………（115）

澳洲热浪灾难 ……………………………………（119）

饥饿的非洲之角 …………………………………（122）

酷热俄罗斯 ………………………………………（126）

"凉爽之国"的噩梦 ………………………………（129）

高温袭击芝加哥 …………………………………（133）

科学认识
热浪

高温热浪传说

高温热浪是如何产生的呢？咱们先来看一个古希腊的神话传说。

在古希腊神话中，太阳神名叫阿波罗，他是天帝宙斯与夜之女神勒托的私生子。据说勒托怀孕之后，宙斯的老婆——天后赫拉很不高兴。这位喜欢吃醋的女人自己不会生儿子，所以对勒托的怀孕十分嫉妒，眼看勒托的肚子一天天大了起来，她心里又着急又愤怒，因为一旦勒托为宙斯生下长子，那她天后的地位就会受到威胁。有一天，趁宙斯外出之际，赫拉将挺着肚子即将临产的勒托赶出了天庭，并严令大地神尼俄柏，不准勒托在大地上分娩。

勒托痛苦万分，因为找不到地方生产，又有唯命是从的尼俄柏的阻挠，她不得不在大海上四处流离。眼看分娩的时间越来越近，如果还找不到地方，那么勒托的孩子生出来后，就会掉进大海淹死。最后，她的妹妹阿斯忒里亚将身体化成了一座小岛。勒托终于有了生产的地方。而宙斯让海底升起四根金刚石巨柱，将这座浮岛固定了下来。在这个稳固的岛屿上，勒托先是生下了女儿阿尔忒弥斯，紧接着又生下了儿子阿波罗。

阿波罗是一位集光明与力量于一体的大神，据说他降生时，天空掀起了万丈金光，整个天地为之震撼。他一生出来，眉心便嵌着一颗耀眼的太阳。阿波罗的降生惊动了天庭，他们母子三人很快被天帝宙斯接了回去。长大后，姐姐阿尔忒弥斯被封为了狩猎女神，而勇猛刚强、浑身散发光明的阿波罗则被封为了太阳神。他每天驾驶太阳战车从天空驶过,将光明和温暖传播给大地。为了报复尼俄柏,他有时故意释放出更多太阳光焰射向大地,每每此时,大地上便被高温热浪笼罩,变得无比炎热。

印度神话与古希腊神话的意思差不多,印度神话中的太阳神名叫苏里耶,他是天父神特尤斯之子。苏里耶是一位拥有金色毛发和手臂的英俊男子,他每天乘坐由七匹白马拉动的战车巡视天空。有一天黄昏,苏里耶将

战车从天空徐徐降落到大地,在恒河边洗涮战马。恒河河神嫉妒苏里耶的英俊外表,他突然发动洪水,苏里耶猝不及防,差点被卷入河中。重新回到天空后,苏里耶怀恨在心,为了报复河神,他故意让战车发出大量的光和热,企图烤干恒河。每当此时,地面上便高温连连,热浪滚滚。

中国的神话传说则又是另一回事。据说上古时,黄帝和蚩尤在中原一带大战。蚩尤被打败后,请来天上的风伯雨师助战。风伯掀起狂风,雨师下起暴雨,地面上洪水滔天,黄帝的军队损失惨重。为了消除狂风暴雨,黄帝从天上请来风伯雨师的克星——女魃。女魃是天帝的女儿,她像一团熊熊燃烧的大火,走到哪里,哪里就会变得又干又热。她在两军阵前一走,天空中立时滴雨全无,地面上的洪水也被烈日烤得无影无踪。风伯雨师一见,吓得逃之夭夭,黄帝的军队乘机发动攻击,打败了蚩尤军队,并趁机将蚩尤杀死。但女魃因为私自下界,惹恼了天帝,她从此再也不能回到天上去了。女魃在大地上住下来后,没想到却给人类带来了灾难:她所居之处和所经过的地方滴雨不下,使得大地高温不断,到处一片焦渴,因此人们愤恨地把她称为"旱魃"。

以上的这些传说可以得出一个结论：不管是外国神话还是中国神话，都把高温热浪的原因归结到天上，即太阳是根本源头，因为地球上的热量都来自于太阳，所以地球上出现酷热，太阳负有不可推卸的责任。

太阳的嫌疑

地球"发烧"确实是太阳的责任吗？

从表面上看，好像确实是这么回事。太阳是一个巨大无比的火球，它每时每刻都在发光发热，其中有二十二亿分之一的能量辐射到地球，成为地球光和热的主要来源。

不过，有一个问题不知你想过没有：太阳始终是那颗太阳，它的光芒和热量一直都不曾改变，但为什么有的年份很热，而有的年份却相对比较凉爽呢？这么一想，太阳又好像确实很委屈：是呀，人家在天上好端端地挂着，你地球热也好，冷也罢，与我有什么关系？

说来说去，太阳到底有没有责任呢？

先别着急，让我们慢慢来分析。

太阳这个大火球看上去似乎很平静，但实际上，它每时每刻都在发生剧烈活动。四千多年前，古时候的中国人通过肉眼观察，看到了太阳上有一只乌鸦，这只乌鸦长着3条腿，因此，在中国古代有时也把太阳称为"金乌"。后来，西方科学家通过光学望远镜观测太阳，发现这3条腿的乌鸦其实就是太阳表面的黑色斑点，并给它们取名为"太阳黑子"。太阳黑子是怎么形成的呢？原来，太阳黑子是太阳光球层物质剧烈运动而形成的局部强磁场区域，因为这些区域的温度相对较低，因此看起来显得较黑。科学研究发现，在太阳黑子活动的高峰期，太阳会发射大量的高能粒子流与X射线，引起地球磁暴现象，导致气候异常，使地球上微生物大量繁殖，从而为流行疾病提供温床。一位瑞士天文学家还发现，太阳黑子多的时候，地球上的气候比较干燥，而黑子少的时候则暴雨成灾。

除了太阳黑子，在太阳能量高度集中释放时，还会产生一种现象——耀斑。太阳耀斑也叫"色球爆发"，它是太阳表面上（常在黑子群上空）迅速发展的闪耀亮斑，其寿命一般在几分钟到几十分钟之间。别看耀斑只是一个亮点，但它一旦出现，那就是一次惊天动地的大爆发。这一增亮过程释放的能量相当于10万至100万次强火山爆发的总能量，或相当于上百亿枚百吨级氢弹的爆炸。而一次较大的耀斑爆发，在十至二十分钟内可释放10^{25}焦耳的巨大能量。

科学家指出，耀斑对地球空间环境会造成很大影响。当耀斑辐射来到地球附近时，会与大气分子发生剧烈碰撞，破坏电离层，使它失去反射无线电波的功能。耀斑发射的高能带电粒子流还会与地球高层大气作用，产生极光，并干扰地球磁场而引起磁暴。此外，耀斑对气象和水文等方面也有着不同程度的直接或间接影响。

不过，太阳黑子和耀斑活动是否与地球上的高温天气有关，目前尚没有相关证据的支持，科学家们还在进一步的探索之中——从这点来说，太阳的嫌疑仍然存在，但很显然，它应该不是地球上高温天气的罪魁祸首。

高温"真凶"

既然太阳不是罪魁祸首,那么"真凶"又会是谁呢?

让咱们把目光放回地球上来吧。

我们都知道,地球上有的地方冷,有的地方热,这是因为地球上不同区域接收到的太阳热能不尽相同。地球有五个温度带,它们是根据太阳辐射情况不同而划分的:一年当中,太阳直射点总是在北回归线和南回归线之间来回移动,这个地区获得的太阳光热是全球最多的,称为热带;南极圈以南、北极圈以北地区得到的太阳热量极少,气温很低,称为南寒带和北寒带;南北回归线到南北极圈之间的地区,得到的光热介于热带和寒带之间,气温较适中,一年四季分明,称为北温带和南温带。

从地球五带的划分,我们不难看出,地球上最热的地方应该在热带。在全世界范围内,一些位于热带、副热带的地区和国家确实比较容易受到热浪的袭击,像印度、巴基斯坦等国就是典型的高温热浪灾害频发地区,每年都有数千人因热浪袭击而致死。

但近年来,中国、欧洲、美国、日本等原本较凉爽的中高纬度地区,天气也日趋炎热,极端高温事件增多,逐渐成为新的高温频发地区。这又是怎么回事呢?原因很简单,中高纬度地区出现的高温热浪,是由于热带洋面上生成的暖气团向北输送造成的,以中国为例,气象学家认为,尽管造成中国持续高温天气的原因很复杂,但副热带高气压系统无疑是高温天气持续出现的直接原因。

下面,咱们来重点介绍一下热浪袭击的"真凶"——副热带高压。

副热带高压也简称为"副高",这是一个全球性的暖性高压带,它位于地球南北纬 30 度到 35 度地区内,对中高纬度地区和低纬度地区之间的水汽、热量、能量的输送和平衡起着重要的作用,也就是说,低纬度地区洋面上产生的大量热能和水汽,都通过它带往中高纬度地区——从本质上说,"副高"还是一个做好事的"红娘",不过,有时"副高"在完成"红娘"的角色后,会迟迟赖在"新郎"家中。当它长时间"赖着"不走时,所控制地区便会出现持续性的晴热高温天气,并造成该地区发生干旱。如 2006 年中国的四川和重庆出现了百年一遇的特大干旱,其罪魁祸首便是"副高":这一年,"副高"不请自来,它的"脑袋"从太平洋一直伸到了重庆和川东上空,并赖在那里久久不肯离去。在它的强大统治下,"雨神"竟不肯降下半滴雨来。所以说,"副高"如果出现异常,长期在一个地方待着不动时,高温热浪天气就会光临了。

另外,大陆性的暖气团也能制造高温热浪。这种暖气团是陆地被太阳照射后生成的,在它的控制下,一些内陆地区也会出现滚滚热浪。

虽然揪出了造成高温热浪的"真凶"(即"副高"),但有科学家指出,其实幕后还有推波助澜的"黑手",这便是近年来我们频频听到的"全球气候变暖"。

全球气候变暖指的是在一段时间内,地球大气和海洋温度上升的现象。近 100 多年来,全球平均气温经历了"冷→暖→冷→暖"四次波动,总的来看气温为上升趋势,特别是 20 世纪 80 年代后,全球气温明显上升。据统计,1981－1990 年全球平均气温比 100 年前上升了

0.48摄氏度。科学家分析,导致全球气候变暖的主要原因是人类在近一个世纪以来大量使用矿物燃料(如煤、石油等),排放出大量的二氧化碳等多种温室气体。这些温室气体对来自太阳辐射的可见光具有高度的穿透性,而对地球反射出来的长波辐射具有高度的吸收性,也就是我们常说的"温室效应"。在这种效应作用下,全球气候出现了变暖现象。

科学研究表明,全球气候变暖正在通过影响包括"副高"在内的大气环流特征,从而改变一些极端天气事件的强度和发生频率。可以说,在全球气候变暖的大背景下,今后一些极端天气事件,包括高温热浪这样的灾害性天气还会有增多的趋势,并更难以预测。

热浪"帮凶"

上面,咱们揪出了制造热浪的"真凶",事实上,在很多高温热浪事件中,一些"帮凶"也起着至关重要的作用。

下面,就让我们来一一认识这些"帮凶"。

首先要说的第一个"帮凶",是一种神秘的现象——厄尔尼诺。

厄尔尼诺是海洋上空的气流方向发生改变,使海水出现异常增温的现象。在南美洲的西海岸,有一条名叫秘鲁的洋流,它像带子一般环绕着长长的海岸线。在降水正常的年份里,这条洋流温度比较低,它不但孕育了大量的浮游生物,吸引了数以亿计的鱼儿来这里进食和繁殖,而且平衡着沿岸国家的降水和温度,使得大地风调雨顺,五谷丰登。不过,这条温柔的洋流却有一个难对付的敌人——东太平洋上空的反气旋。反气旋有一支强大的热带信风部队,一般情况下,热带信风是从太平洋的东面向西面吹,并且风中包含了大量水汽,这些水汽为大地送来了充沛的降雨。当反气旋开始攻击秘鲁洋流时,它就会向西太平洋方向移动,并带领信风由西向东吹,并推动海水上层的暖洋流覆盖秘鲁冷洋流……在反气旋的疯狂攻击下,秘鲁冷洋流的温度往往会猛升3~6摄氏度。这就是厄尔尼诺现象。

科学家们通过多年的研究,发现大范围的高温干旱与厄尔尼诺密不可分。

厄尔尼诺现象出现后,一般都会持续几个月,它严重扰乱正常气候,并可能带来高温干旱、飓风等重大自然灾害。如1983年厄尔尼诺现象出现时,全球气候都出现了异常,澳洲和印度尼西亚遭受了严重高温干旱的折磨,而另一些国家也遭受了飓风的袭击。2010年印度、欧洲等地出现了可怕的高温热浪,造成上千人死亡。

高温热浪的另一个帮凶,是城市热岛效应。

居住在城市里的人可能都有这样的经历:夏天城市里高温连连,酷热令人无法忍受,但到了城郊的乡村,便感觉天气凉快了许多,因此一到夏天高温难耐时,便有不少城里人跑到城郊的"农家乐"去避暑。

为什么城市和乡村会出现"凉热两重天"呢?原来,这就是"热岛效应"在作怪。热岛效应,是指由于人为原因,改变了城市地表的局部温度、湿度、空气对流等因素,进而引起的城市小气候变化的现象。专家指出,热岛效应的最大特点,是同一时间城区气温普遍高于周围的郊区,由于高温的城区处于低温的郊区包围之中,如同汪洋大海中的岛屿,因此人们把这种现象称之为城市热岛效应。一般而言,百万人口大城市的市区平均气温要比郊区高出0.5~1.0摄氏度,城市越大,热岛效应越显著,且强度随着时间的增加而增加。

城市热岛的形成,主要有三个方面的原因:一是城区排放的人为热量比郊区大,城市人口众多,加上工厂排放的废气和大量车辆排放

的尾气，使得城区排放的人为热量是郊区农村的数倍甚至数十倍；二是城市与郊区地表面性质不同，现代化的大城市里，高楼林立，到处都是柏油路和水泥路面，这些钢筋水泥比郊区的土壤、植被具有更大的吸热率和更小的比热容，因而使得城市白天吸收储存太阳能比郊区多；三是城区大气污染物浓度大，气溶胶微粒多，这些来自工业生产、交通运输以及日常生活中的大气污染物，像一张厚厚的毯子覆盖在城市上空，在夜间，这些污染物大大减少了城区地表有效长波辐射所造成的热量损耗，起到了保温作用，使城市比郊区"冷却"得慢，从而形成夜间热岛现象。

中国"大火炉"

弄清了地球发烧的原因，你可能又有新的疑问了：地球上哪些地方最热呢？

咱们一起出发，先看看中国有哪些"大火炉"吧。

2013年7月，网友们发现：中国气象频道的官方微博列出了一份中国"火炉"排行榜，一时引起了网友们的热议。

在人们的印象中，中国老牌的四大"火炉"分别是重庆、武汉、南昌、南京，这四个城市中三个都位于长江边，南昌也在离长江不远的赣江边上，可以说是长江流域的一大特色。不过，中国气象局国家气候中心的专家，根据1981—2010年的资料进行分析后，得出了中国最新的四大"火炉"排名，它们分别是福州、重庆、杭州和海口，排在5~10名的依次是长沙、南昌、武汉、南宁、西安和广州，而"老火炉"南京仅排在第14名。据了解，这份榜单是根据各市30年的年平均高温日数排的座次，其中榜首福州的年平均高温日数达32.6天。

那么，这些"火炉"是否就是中国最热的地方呢？非也，这些城市虽然有"火炉"之名，但最高气温都没有超过45摄氏度。它们之所以被人们热议，是因为这些地方是大城市，人口众多，高温热浪的影响很大，所以才会被人们冠以"火炉"之名。

要论中国最热的地方，非新疆的吐鲁番莫属。吐鲁番盆地历来便有"火州"之称，1975年7月13日，吐鲁番民航机场曾观测到49.6摄氏度的极端高温，为当时全国最高实测气温。不过，这一实测温度，只是当地民航部门的自测温度，而并非气象部门的专业测量结果。2008年7月，一支科学考察为了测得真实的高温，专门走进了吐鲁番盆地。

吐鲁番盆地有些地方比海平面还低，特别是位于"盆底"的艾丁湖湖面低于海平面154米，在已干涸的湖盆中，个别洼地甚至低于海平面161米，是仅次于死海（-392米）的世界第二低地。科学考察队在吐鲁番气象站的帮助下，在盆地中建立了一个临时观测点。8月3日午后，科考队员在临时观测站测到了49.7摄氏度的高温。这个高温数据打破了吐鲁番盆地所有气象站的历史高温纪录，同时也是中国最高的气温纪录！

科考队还通过考察，对吐鲁番盆地十分炎热的原因进行了分析，得出了三点结论：第一，因为当地气候特别干旱，天上没有云彩阻挡强烈的阳光热量，地面没有水分蒸发消耗热量，所以阳光热量得以全力用来升高气温；第二，由于吐鲁番的盆地地形，白天阳光热量不易向外散发，所以温度升高很快；第三，这里海拔很低，在海平面附近，

是中国内陆干旱地区最低的地方，海拔越低则气温越高，平均每降低100米气温便上升0.6摄氏度。正是这三点原因，导致吐鲁番成了中国的"热极"。

吐鲁番不但气温高，地表温度更是高得吓人，这里的地面温度高达75.8摄氏度。当地民间流传有"沙窝里蒸熟鸡蛋、石头上烤熟面饼"的说法。不谙内情的人常常疑问：这么酷热的天气，当地人怎么生活？原来，这里气温虽然高，但相对湿度却很低，再加上年平均降水量仅为16.7毫米，因此温度虽高，空气却不闷热，人们只要待在屋里不被太阳晒到，日子还是可以过下去的。

全球高温大比拼

放眼全球，吐鲁番盆地的49.7摄氏度就算不上什么了。下面，咱们看一下世界各地的"大火炉"。

第一个"火炉"在非洲的撒哈拉。撒哈拉大沙漠是全球最大的沙漠，它的面积和整个美国差不多。这个超级大沙漠十分酷热，人们曾在这里观测到了55摄氏度的高温。在这里，穿衣服反而比打赤膊凉快些。住在沙漠里的人们都穿着白色长袍，这是因为白色长袍易于反射热量，同时也避免身上的汗水过多蒸发。

比撒哈拉大沙漠气温更高的地方，是位于美国加利福尼亚境内的

"死亡谷"。"死亡谷"是一个峡谷，位于海平面以下 86 米，它全长达 225 千米，宽约 6 至 26 千米不等，面积达 1400 多平方千米。峡谷两侧悬崖重重，山岩壁立，地势陡峭险恶。这里的气候环境极其恶劣，是北美洲最炽热、最干燥的地区。峡谷里几乎常年不下一滴雨，并曾有过连续六个多星期气温超过 40 摄氏度的纪录。1913 年 7 月，人们在这里观测到了 56.7 摄氏度的高温。

不过，让人意想不到的是利比亚的阿济济耶却打破了死亡谷的记录。阿济济耶位于利比亚首都的黎波里南面 40 千米处，距离地中海不到 1 小时的车程。1922 年 9 月，阿济济耶经历了一场酷热，9 月 13 日，人们在这里观测到了 57.8 摄氏度的历史最高气温。

阿济济耶的全球最高温纪录一直保持了很长时间，直到人造地球卫星上天后，美国宇航局的卫星才在伊朗卢特沙漠的表面，观测到了一个令人惊讶的温度——71 摄氏度！它可以说是地球上迄今为止最高的温度了。

卢特沙漠位于伊朗境内，占地面积约 480 平方千米，这里被人们称作"烤熟的小麦"，意思是把小麦放在地面上，高温很快就会把它们烤熟。卢特沙漠十分酷热、干旱。13 世纪，意大利著名的旅行家马可波罗经过长途跋涉到达中国时，曾经经过这片沙漠。当时，卢特沙漠的高温和炎热给他留下了难以忘却的记忆。马可波罗在沙漠里一共行走了三天，在这三天的旅途中，他没有看见一座民居，没有看见一只活着的动物，放眼处都是一望无际的干旱沙漠——后来他在《马可波罗行纪》中对这段经历进行了记载。据科学家分析，卢特沙漠的温度之所以如此高，是因为这个地方曾经多次爆发过火山，使得地表被黑色的火山熔岩覆盖，它们吸收大量的阳光热量，因而形成了这个地球上温度最高的地方。

不过，卢特沙漠只是极端高温称王，由于沙漠夜晚温度下降很快（有时甚至会降到 0 摄氏度以下），因此它的平均温度并不太高。而平均温度最高的地方，则要数埃塞俄比亚的达洛尔地热区。达洛尔地热区位于达纳吉尔凹地里，这里的海拔在海平面以下 116 米，据观测，达洛尔地热区的平均温度高达 34.4 摄氏度——目前，全球还没有发现哪个地方的平均气温比这里更高。

不过，上述这些高温地区对人类影响并不大，因为只要不住在那里，再高的温度也和我们没有任何关系。

高温热死人

说了半天，高温热浪到底有多厉害呢？

在说这个问题之前，咱们得先明白高温热浪的定义。目前国际上还没有一个统一而明确的高温热浪标准，世界气象组织建议的标准是：日最高气温高于 32 摄氏度，且持续 3 天以上。中国一般把日最高气温达到或超过 35 摄氏度时称为高温，连续数天（3 天以上）的高温天气过程称之为高温热浪（或称之为高温酷暑）。

高温热浪，可以说是现在世界范围内频繁发生的极端天气事件，它绝对是人类的大敌，每年地球上都会有不少人因它而失去生命。

接下来，咱们一起去看看近年来高温热浪制造的悲剧。

2010 年初夏，印度西北部地区烈日炙烤，热浪滚滚，一场百年不

「科学认识热浪」

遇的高温极端天气正在这里蔓延。古加拉特邦在一周之内,平均气温高达 48.5 摄氏度,最高气温接近 50 摄氏度,高温热浪像毒蛇般噬咬着人们的身体,使人呼吸困难,心脏负荷加重,中暑、肠道疾病和心脑血管等病症的发病率大幅增多。短短一周之内,高温热浪便导致古加拉特邦至少 100 人死亡。而在邻近的地区,高温热浪也酿成了不少悲剧:马哈拉施特拉邦死亡 92 人,拉吉斯特汉邦死亡 35 人,北部比哈尔邦死亡 34 人。

2013 年初夏,印度再次遭遇高温热浪的袭击:从当年的 4 月初开始,印度便一直持续高温,到 7 月,高温热浪已造成近 900 人死亡,各大医院更是人满为患。据当地政府数据显示,印度南部的安得拉邦形势最为严峻,由于该地区气温高于 47 摄氏度,造成很多人中暑,死亡人数超过了 500 人。

高温热死人的惨剧不只发生在印度。2003 年夏天,欧洲经历了自 1949 年以来最热的一个夏季,伦敦、布鲁塞尔等地的最高气温均在 35 摄氏度左右,而巴黎气温高达 38 摄氏度,西班牙南部某些地区气温高达 40 摄氏度以上。持续的高温少雨天气使欧洲遭遇了严重旱灾,土壤干裂,河水流量锐减,农业和畜牧业产量大幅降低,高温还导致法国、葡萄牙、西班牙和意大利相继发生森林大火,十几万顷森林化为灰烬。更可怕的是,高温热浪导致近 40 人被热死。为了抵御炎热,一些人甚至不顾体面，跳进街头和广场中心的喷水池里解暑。

2013年夏天，高温热浪再次席卷欧洲。英国遭受了自2006年以来持续时间最长的热浪袭击，白天温度动辄超过30摄氏度，由于湿度大，热浪令人不堪忍受，到7月中旬，全国有760人被热死。与此同时，大西洋彼岸的美国也遭到了热浪侵袭，美国东北及中西部部分地区温度高达37.8摄氏度，加上天气潮湿，实感温度达到40摄氏度。在没有冷气的纽约地铁站，室温更高达50摄氏度。在热浪席卷下，至少有6人因热致死。在亚洲，中国、日本等国也受到了热浪的袭击，特别是日本更是出现了全国性的高温天气，7月8日这天，日本全国一天之内就有902人因中暑被送往医院。

高温热浪不仅会热死人，在持续的高温天气下，动物们也不能幸免于难。2010年印度遭遇高温热浪天气袭击时，野生动物及家畜与人类一样，饱受热浪的折磨。在印度最大邦北方邦的森林地带里，生活着许多动物，尽管它们待在森林里避暑，但持续的高温仍然令它们无法忍受，滚滚热浪造成蝙蝠、乌鸦和孔雀等大量死亡。在中国的长沙，2010年7月由于高温袭击，热浪灼人，造成长沙生态动物园停水三天，在高温和缺水的情况下，一只马鹿不幸被热死，动物园赶紧对供水系统进行抢修，供水恢复之后，园区里的动物们才逃过了生死大劫。

热浪引大火

高温不但会热死人，持续不断的热浪还会引发各种大火。

2009年1月底至2月初，高温热浪猛烈袭击了大洋洲的澳大利亚。由于澳大利亚位于南半球，这里的气候与北半球正好相反，因此

「科学认识热浪」

1月至2月正是当地最炎热的夏季。从1月底开始,澳大利亚东南部便笼罩在高温热浪之中,部分地区日最高气温持续多日,达到了43摄氏度。1月30日,澳大利亚第二大城市墨尔本最高温度达到了45.1摄氏度,创下了连续三天气温高于43摄氏度的纪录,该纪录为1855年有相关记录以来的第一次。在持续高温热浪的笼罩下,澳大利亚多地发生了山火,不但将草场烧掠一空,而且还引发了森林大火。熊熊大火一发不可收拾,一些村庄和城镇被四处乱窜的火苗引燃,一时浓烟滚滚,居民们惊慌失措,大家被迫逃离家园,而一些来不及逃跑的人则不幸被烧死或烧伤。

此次高温热浪引发的山火给澳大利亚造成了严重损失,在澳大利亚东南部的维多利亚州,山火摧毁了数十所房子,大批森林被毁。一位居民说:"到处都被浓烟笼罩,虽然我在一千米之外,但依然能够感受到大火的热力。"而距离墨尔本以北80千米的金莱克地区灾情更为严重,这里一些市镇被整个毁掉,550多所房屋被烧毁,63人死亡,受灾面积超过22万公顷。由于高温干旱,风力强劲,火势难以控制,死亡人数继续上升,到2月初,这起全国性的山火共造成澳大利亚200多人死亡,成为该国历史上最为严重的火灾之一。

美国同样也遭受过森林大火的威胁。2013年7月,美国西部遭热浪袭击,多地气温创下历史最高纪录。高温和干燥引发西部地区多处山火,仅加利福尼亚一个州,当地的林业和消防部门便扑救了约2900起森林火灾,这一数据是往年同期的两倍多。

高温热浪为何频频制造森林火灾呢?专家指出,一般情况下,气温偏低，相对湿度大，林区潮湿便不易发生火灾，而气温高，相对湿度小，林区干燥有利起火，特别是持续的高温热浪天气，使得整个森林里的水分大幅减少，一些树木甚至会因过高的温度而死亡，再加上森林里残存的大量枯枝败叶，在高温干旱季节更容易引发自燃。森林一旦遭受火灾，在高温热浪的助阵下蔓延十分迅速，若不采取有效措施及时控制，就会造成严重后果。

除了制造森林火灾，高温热浪还会导致其他火灾事件发生。近年来，在盛夏的高温天气下，公交车自燃事件屡屡发生：2010年7月6日上午，北京市一辆公交车在开到东三环辅路时突然起火，大火从公交车后部发动机位置开始燃起，很快吞噬整个车厢，幸亏疏散及时，未造成人员伤亡；2010年7月26日，重庆一公交车在行驶中突然发生自燃，驾驶员在扑救未果的情况下报警，消防战士赶到现场后，迅速将大火扑灭，但车已被烧成钢架；2013年7月5日下午，温州市平阳县一辆公交车在行驶过程中突然"罢工"，发生自燃，火势迅速蔓延，车子在几分钟内烧成一堆废铁，所幸车上乘客及驾驶员及时逃生……据分析，这些公交车发生自燃，高温都是难以逃脱的"凶手"：由于高温导致发动机舱内温度过高，造成油管（胶管）接口膨胀渗油，使得高温处局部出现火情，尽管发动机舱内自动干粉灭火器启动，却仍造成了车辆失火事故。

此外，高温热浪天气还给一些易燃易爆危险化学品生产企业带来极大威胁。2010年6月25日，河南省濮阳市最高气温达到40摄氏度，当日18时许，该市一家化学工业有限公司生产车间因气温过高导致火灾发生，幸亏消防官兵快速赶往现场扑救，才没有造成人员伤亡。2013年7月的一天中午，浙江一家生产电池的工厂突然发生大火，消防队员迅速赶到现场将火扑灭，事后分析原因，人们发现这又是一起高温引发的火灾事故。

「科学认识热浪」

大旱"元凶"

除了前面咱们盘点过的那些灾害,高温热浪还干过哪些坏事呢?

一直以来,高温热浪都是制造大旱的"元凶"。据科学家考证,6000年前,撒哈拉地区还是一片水草丰盛的大草原,那里气候适宜,降水充沛,野生动物自由自在地生活和嬉玩。今天,人们从沙漠中的山崖上发现了古代的岩画,画上面有一群群的野生动物,人们在这片土地上快乐而自由地生活着,但随着气候变化,天上降雨逐渐减少,在高温热浪的肆虐下,干旱像一张大网般笼罩着大地,人和动物为了生存,不得不离开原来的家园,重新寻找新的栖息地。那些不肯离开家园的人和动物,最后都被旱灾吞噬,变成了一堆堆可怖的白骨。

即使在今天,时常遭受高温热浪侵袭的非洲依然是世界上旱灾最为严重的地区。1968—1973年,一场持续时间长达5年的旱灾梦魇般地降临非洲大地。西起大西洋边的毛里塔尼亚,东至伸入印度洋的非洲之角索马里,受灾面积近1800万平方千米,旱魃横跨16个国家。严重旱灾使该地区牲口损失达十分之一以上。个别国家尤其严重,乍得和毛里塔尼亚牲口损失达70%,尼日尔达到80%,埃塞俄比亚竟高达90%。因旱灾饿死、病死的人数也十分惊人,仅埃塞俄比亚的沃洛省就被饿死20万人。

即使是有"天府之国"美称的中国四川盆地,也遭受过旱魃的肆虐:2006年夏季,高温热浪像挥之不去的噩梦,紧紧缠绕在川渝大地上;持续的高温少雨天气,终于酿成了一场百年不遇的特大干旱。

这年的8月,在四川、重庆的许多地方,昔日郁郁葱葱的竹子成

片干枯，庄稼地里，半人高的玉米没等到成熟便全部干枯，而稻田里更是裂开了一个个拳头宽的裂缝，稻秧成了枯草，用火一点，很快便蔓延成熊熊大火。高温热浪不但烤干了树木和庄稼，还将小河小溪"烧烤"断流，地下水也锐减，造成许多地方出现人畜饮水困难的情况。在缺水的城镇，消防车每天穿梭往来给居民送水，而在一些边远的山区，缺水情况更加严重，有的村民为了找水，甚至每天要走数十千米。截至这年的8月底，重庆全市因旱受灾人口达2100万人，820.4万人出现临时饮水困难，农作物受灾面积132.7万公顷，绝收37.5万公顷，直接经济损失达90.7亿元；四川全省有700多万人出现临时饮水困难，农作物受旱206.7万公顷，成灾116.6万公顷，绝收31.1万公顷，损失粮食481.4万吨，造成直接经济损失125.7亿元。

　　高温热浪不但会形成大旱，而且还会影响人类生活的很多方面。2010年夏季，高温热浪席卷海湾地区，多个国家出现高温天气。在伊拉克，高温造成当地长时间停电，民众苦不堪言，为了"争电"，伊拉克两座南部城市的民众纷纷走上街头抗议，电力部门负责人因此事不得不宣布辞职。同样是在2010年夏季，人们在法国巴黎制作了一个7.8米高的大蛋糕展出，并准备申请吉尼斯世界纪录。然而，蛋糕刚刚在户外展出一天，便在当地30多摄氏度的高温热浪炙烤下开始变软融化，制作团队无奈，只好匆匆将蛋糕塔拆除，当然喽，创吉尼斯世界纪录也就无从说起了。

　　铁路运输受到的影响也不可小视。2009年1月下旬，澳大利亚遭受高温热浪持续袭击,一些铁轨因此变形,列车无法行驶,不得不停止运行,当地时间1月29日,仅维多利亚州便取消数百次列车。2013年7月,英国遭受了持续近一周30摄氏度以上的高温袭击,7月14日晚高峰,伦敦最繁忙的滑铁卢火车站被迫关停4个站台,数以千计的乘客滞留。同样的事件也发生在俄罗斯,2013年7月7日,持续高温使得俄罗斯南部一段铁轨受热变形,一辆运行中的列车脱轨,造成多名乘客受伤。

热浪来临前兆

火烧云，兆天晴

炎炎夏日，当某一个地区持续数日天气晴好，滴雨不下，气温就会越来越高而形成滚滚热浪，所以，关注热浪前兆，其实就是关注这个地区未来的天气是否晴好。

俗话说，云是天气的招牌，天气晴好与否，云具有较大的预兆性。下面，咱们去了解一种特殊的云——火烧云。

"看，天上的云好红哟！"

"是呀，真漂亮，把天空都映红了……"

2011年8月24日傍晚19时，夜幕徐徐降临四川省南充市，随着城区上空最后一抹夕阳余晖落山，一朵云彩惊艳地点缀在天空西北边，它仿佛是被大火烧红的，看上去彤红一片。这一难得的自然景象吸引了不少在外散步的市民，大家纷纷仰头欣赏。当天傍晚，这朵红得格外灿烂的云朵在天空出现了约15分钟。它最美丽的时刻，是在它"诞生"后的8分钟左右，当时云朵显得十分亮丽，而且不断变换形状和姿态：时而像海浪，时而像巨狮，时而像山峰，引得人们啧啧称奇。之后，云朵的色彩慢慢暗淡下来，最后逐渐融入了苍茫的夜色之中。

南充市民们看到的这朵红云，就是民间俗称的"火烧云"，它有一个学名叫作"霞"。霞一般出现在日出和日落前后的天边，看上去十分美丽。早霞和晚霞看起来都五彩斑斓，但它们之间有明显区别：早晨的称"朝霞"，云体本身色彩暗淡且形体巨大，天空呈现出一种淡雅的玫瑰色；傍晚的叫"晚霞"，色彩红艳，形状多变，云体较小。

「热浪来临前兆」

很早以前，中国古人便发现天上的云霞可以预兆未来天气，在中国民间，关于朝霞和晚霞的谚语挺多，如"朝霞不出门，晚霞行千里""朝霞雨淋淋，晚霞烧死人""早霞不过午，晚霞一场空""朝起红
霞晚落雨，晚起红霞晒死鱼""早上赤霞，等水泡茶；晚上赤霞，无水洗脚"。甚至有古人写诗来描述这种现象："日出红云升，劝君莫远行；日落红云升，来日是晴天。"这里的"红云"即霞，前一句中红云指朝霞，而后一句中则指晚霞。

同为云霞，为什么早上和晚上出现的云霞预兆的天气却截然不同呢？原来，早晨天边出现的朝霞，颜色比较鲜红，它在大气中水汽和尘埃等杂质很多的情况下才会出现，因此预兆着未来将会有降雨出现。而傍晚天空出现的晚霞，颜色呈金黄色，它与朝霞的成因正好相反，只有在水汽和杂质很少的情况下才出现，所以，晚霞出现一般预兆的是晴好天气。上面咱们说的四川南充傍晚出现火烧云，便应验了这一说法：火烧云出现后的几天内，南充市连续出现了晴热高温天气，热浪滚滚，当地居民苦不堪言。这种现象可以说不胜枚举，如 2006 年 7 月 17 日，台风"碧利斯"从南昌过境后不久，当天傍晚，南昌八一桥上空便出现了火烧云奇观，天空被染成了金黄色。市民们仰头看着美丽的火烧云，心里都乐着哩，因为台风带来的暴雨和洪水已经让大家受够了，未来能有晴好天气出现，能不高兴吗？不过，随后一周的连晴高温天气却让人们热得够呛。

此外，民间还流传有一句谚语："朝霞暮霞，无水煮茶。"这又是什么意思呢？原来，在早晨或傍晚，天空有时还会出现一种褐红色的霞,这种霞与前面我们所说的朝霞和晚霞有着本质的区别,它一般是在连续晴天的时候出现。专家解释,这种霞出现时,表明空中水汽含量一般很少,尘埃、盐类等杂质却较多,太阳光线通过大气层时,短波光多被吸收,有的色光即使不被"吃掉",也会因反射而改变方向,只有波长最长的红光能"逃"出重围,从而映红一部分或大部分天空,所说,这种条件下形成的霞,往往预兆的不是雨天,而是会"晒死人"的艳阳天。

瓦块云,晒煞人

如果你留意观察,就会发现在高温热浪天气里,天空经常会出现一种轻盈的高云,它们有的像鱼鳞,有的像瓦块,有的像豆荚,常常排列成行,颜色看上去显得很明亮。

这些云不仅不会给人们带来一丝清凉,相反,它们的出现,意味着高温热浪天气还会持续,因此民间有"瓦块云,晒煞人"之说。

我们还是先看看下面这个例子。

暑假里,小明到外公家玩耍,没想到,他一到那里,就碰上了恼人的高温天气。

太阳毒辣地照耀着大地,天热得像下了火,空气也似乎要燃烧起来了,身上的汗不停地涌出来,衣服很快湿透了。

"这天气真热,什么时候能下雨呢?"小明心里很烦躁,因为炎热,他只能老老实实地待在屋里,哪儿也不能去。

外公戴上墨镜,把目光望向天上,看了一会儿后,苦笑着摇了摇头。

「热浪来临前兆」

"外公,最近还是不会下雨吗?"小明着急地问。

"嗯,天气预报说这几天都没有雨,从天上的云来看,确实不像有雨的样子。"外公说。

"您根据天上的云就知道天气?"小明有些惊讶。他抬头看了看天空,天上除了一轮炽热的太阳外,四周只有一些薄薄的云彩,它们排列在一起,看上去有点像瓦块,又有点像鲤鱼身上的鳞甲。

"是呀,我年轻时在乡下当过业余气象员,所以养成了看云识天气的习惯,慢慢也积累了一些观云的知识,"外公说,"现在天空中这种像瓦块状的云,它一般出现在晴热天气里,并且预示着未来还会持续这种天气。"

"真的呀?"小明一下瞪大了眼睛。

"嗯,农村有不少谚语专门说这种云,像'瓦块云,晒煞人''瓦片云,曝死人'等等,都是说这种云一旦出现,天上不但不会下雨,而且还会变得很热,"外公用毛巾擦了擦汗水说,"因为这些云看起来还有点像鲤鱼身上的斑点,所以人们把它们叫作鱼鳞斑,并说'天上鱼鳞斑,明天晒谷不用翻'——对农村来说,这种好天气非常适合晒谷,但晴的时间久了,大家有时也热得受不了。"

"唉,那照您这样说,最近几天更热了?"小明没精打采,"好吧,那我还是看书去喽。"

小明外公所说的"瓦块云"究竟是一种什么样的云呢?

这种瓦块云的学名叫透光高积云,它是中云家族的一员,一般位于2500~4500米的高空,在中国南方的夏季,它们甚至可以"站"到8000米高处。因为排列在一起像鱼身上的鳞片,所以又被人们称之为鱼鳞云。这种云的特点是云块较薄,颜色呈白色,云块轮廓分明,常呈扁圆形、瓦块状、鱼鳞状或是水波状。

这种云是怎么形成的呢?我们知道,漂浮在天空中的云彩是由许多细小的水滴或冰晶组成的,有的则是由小水滴和小冰晶混合在一起

组成，有时候，云中还包含一些较大的雨滴及冰、雪粒等，透光高积云也不例外，不过，构成云体的水滴或冰晶都很小，它们一般是被稳定的气团"托举"到高空去的，所以，透光高积云可以说是稳定气团的"形象大使"。由于稳定气团控制下的天气一般都比较晴好，所以透光高积云的出现便预兆着未来天气晴好。

除了透光高积云，还有一种云也具有"预报"高温热浪天气的功能，它就是透光高积云的"堂兄"——荚状高积云。

荚状高积云的云块呈白色，中间厚边缘薄，轮廓分明，通常呈豆荚状或椭圆形，当阳光和月光照射到云块时，常常会产生美丽的彩虹。荚状高积云是自然界的一个奇观，有时候它们会被误会为飞碟或不明飞行物体，所以亦俗称"飞碟云"。

荚状高积云的"豆荚"是如何形成的呢？原来，它通常形成在下部有上升气流，而上部有下降气流的地方：上升气流绝热冷却形成的云，遇到上方下降气流的阻挡时，云体不仅不能继续向上伸展，并且其边缘部分还会因下降气流增温的结果，蒸发变薄而出现豆荚状，也就是说，荚状高积云的"豆荚"是被活活"压"出来的。

荚状高积云还有一种形成过程：在山区，当气流越过山体时，受地形作用影响，空气被抬升至大气上方，气流在山丘后方以波浪状推进，在波峰上空气中的水分凝结成云，经过一段时间的积聚，也会形成一层层像由大小不同的头盔堆叠而成的荚状云。

专家指出，荚状云如果孤立出现，无其他云系相配合，那么多预示晴天，所以农村有句谚语叫"天上豆荚云，地上晒煞人"。

「热浪来临前兆」

日晕晒死虎

夏天午后出现日晕会晒死老虎，你信吗？

首先，我们来看看什么是日晕。气象专家告诉我们，晕是悬浮在大气中的冰晶折射或反射阳光（月光）而形成的光学现象。大气中的冰晶通常是由卷状云带来的：当光线射入卷层云中的冰晶后，经过两次折射，分散成不同方向的各色光。晕通常呈环状或弧状，有红、橙、黄、绿、蓝、靛、紫七种颜色。由太阳光照射冰晶反射至人类眼睛的称为"日晕"，而月光照射冰晶反射至人类眼睛的则称为"月晕"。

日晕的出现，一般代表天气将会发生变化。因为蕴含冰晶的卷层云一般是雷雨天气入侵的"先锋"，当天空中出现日晕后，一般十几个小时内风雨便会到来，所以日晕出现，往往预兆着天气在短时间内便会转坏。故民谚有"日晕三更雨，月晕午时风"之说。

不过，夏天午后出现日晕，代表的天气可能正好相反。有一句谚语——"太阳晕过午，无水洗脚肚"，意思是夏天午后如果出现日晕，那么未来将有一段连晴日子，甚至会出现旱情。此外，"日晕过午，晒死老虎；月晕半夜，水流石壁"，这句谚语的意思是说，日晕如果出现在夏天午后，那么就预示未来将出现高温炎热的晴朗天气，而要是在半夜看到月晕，说明将有一场暴雨来临。

咱们还是来看一个典型的例子吧。2010年7月的一天午后，长沙市上空出现日晕，太阳被一个大圆圈包围在里面，吸引了不少路人观看。"出现日晕，可能会下雨！""没错，日晕三更雨，月晕午时风，这雨可能晚上就会下下来。"市民们议论纷纷。此前，长沙头一天晚上刚下过一场阵雨，但这场雨远远没有消暑降温，第二天气温迅速反弹，热浪又笼罩着大地，大家都希望这天出现的日晕能带来新的雨水消暑。不过，令人始料不及的是，此后几天当地却滴雨未见，在太阳的毒辣照射下，气温攀升，热浪灼人，市民们如困在蒸笼中一般。高温热浪导致长沙生态动物园停水三天，在高温和缺水的双重打击下，一只马鹿不幸被热死——这场持续高温天气热死的虽然不是老虎，但马鹿的壮烈"牺牲"，也不难让人想象这场高温热浪是多么的可怕。

你可能会问：为什么同是日晕，有些日晕代表的是下雨天气，而有些日晕却代表着连晴高温呢？专家分析，一般情况下，日晕在上午出现，说明密卷云正在进入本地，跟在它后面而来的便是降雨云系，所以会出现"日晕三更雨"的现象；而日晕在午后出现，往往是降雨天气已经结束，下面的降雨云层先行消散，上面的卷层云因为来不及"逃跑"，于是折射和反射阳光而形成日晕。

动物园中的老虎们由于有人类的保护，所以"日晕过午，晒死老虎"的情景极少发生，不过，高温热浪袭来时，老虎们的日子也确实很不好过。2011年8月上旬的一天下午，四川成都市上空出现不太明显的日晕现象：淡淡的云将太阳围了起来，形成一个巨大的半圆弧。由于这个日晕不太明显，许多市民都未注意到。但此后一段时间，"秋老虎"发威，高温热浪持续"烧烤"成都，不但人人叫苦，动物们也过得很不自在。在成都动物园的狮虎豹馆，为了给来自北方的东北虎降温，工作人员在7只老虎的面前各摆放了一大块冰块。老虎们静静地趴在地上，热得直喘气，并不时舔一舔冰块，而老虎的邻居们——

怕热的北极熊则爱上了"冲凉解暑",它们将全身都藏在水池里,任凭游客怎么逗弄,就是不肯出来。

在英国,2013年7月,高温热浪袭击了全国大部分地区。随着当地气温不断攀升,来自寒冷地带的东北虎为了避暑,将动物园内的人工瀑布完全霸占,它们爬上4米高的瀑布,然后一跃而下,落在下面的水潭中,上演了一出出精彩的"虎落水潭"好戏。据悉,在这场高温热浪袭来之前,英国一些地区曾看到过日晕现象。

不过,夏天午后出现的日晕与未来高温天气之间究竟有多大关系,现在还无法做出定论。在日常生活中,夏天午后如果出现日晕,我们不妨将其作为高温天气的征兆,提前做好防暑降温的准备。

朝雾兆晴天

雾是大自然的一种气象现象,有时候,它也能"预报"连晴高温天气哩。

好大的雾!早晨小明和同学们一起去上学,只见雾笼罩着大地,远处的楼房、树木、道路等全都掩映在乳白色的雾气中,看上去隐隐约约,缥缥缈缈。

"这么大的雾,今天应该会下雨吧?"一位低年级的同学问小明。

"应该不会下雨,"小明想了想,说,"上次我们班组织去气象台参观,我听气象台的叔叔讲过,早晨出现雾,一般是天晴的标志,所以今天应该会天晴。"

"还要放晴啊,都快热死了!"同学们七嘴八舌,心里都感到有些失望。

早晨出现雾,为什么天气就会晴呢?咱们还是先来看看雾是如何形成的吧。雾是空气的水汽凝结而成的细微水滴。形成雾的先决条件,是空气中必须有很多很多的水汽,也就是空气要达到"过饱和"状态,这就像人吃饭吃得很饱一样。空气要达到这种状态,有几种情况,第一种情况是空气辐射降温,比如在晴朗无风的夜晚,近地面层的空气不断辐射,使得自己变得很冷,空气一冷却,里面的水汽就会很快达到过饱和了。第二种情况是当温暖湿润的空气流到比较冷的地面或海面上时,空气也会因受冷而达到过饱和。第三种情况是冷的空气流到温暖的水面上,当两者温差较大时,水汽便从水面上被蒸发出来,然后又进入冷空气中,因遇冷而达到过饱和。当空气达到过饱和状态,近地面大气中又有足够的凝结核(如灰尘、烟粒、盐类、杂质等),雾便形成了。

关于雾和天气的关系,中国古人总结得很好,民间有"晨雾即收,旭日可求"之说,意思是早晨出现薄雾,并且很快散去,那么这天一定是个艳阳天。民谚也有"朝雾晴,晚雾雨"的说法,意思是早晨出现雾将会是晴天,傍晚出现雾将会下雨。

你可能会问:这到底是什么原因呢?

大家可能都有这样的感受,如果第二天是个大晴天,那么夜晚和早晨会感到比较凉爽;相反,如果第二天是阴天,夜晚和早晨会感到有些闷热。这又是为什么呢?原来,白天太阳光通过短波辐射,将热量传递到地球上,使地球变得很热;到了晚上,地球又会通过长波辐射,将一部分热量传送到空中,从而使地球表面的温度降低。阴雨天的夜晚,厚厚的云层覆盖在空中,就像给地面盖了一层大"棉被",地面辐射的热量碰到"棉被",大部分都会被反射回来,所以夜晚和早晨的气温都不会太低。相反,晴天的夜晚和早晨,空中一般无云或少云,长波辐射的热量都传送出去了,所以气温会有所下降,特别是凌晨5时左右气温下降幅度最大,空气中的水汽就可能因气温降低达到过饱和而形成雾,所以,早晨出现雾,一般是晴好天气的征兆。

除了朝雾,其他时间出现的雾也会"预报"晴天,民谚说得好:"云吃雾下,雾吃云晴。"意思是雾出现后,天上紧跟着来了云,那么就可能会下雨。反之,如果云消雾起,说明晴朗天气即将来临。据气象专家分析,"云吃雾下"是低气压将要来临的象征,所以会下雨,而"雾吃云晴"则表示低气压已过,统治本地的将会是高气压,所以会出现晴天。

此外还有一种说法:久晴大雾阴,久阴大雾晴。意思是说,久晴之后如果出现雾,说明有暖湿空气移来,空气潮湿,是天阴下雨的征兆;久阴之后如果出现雾,则表明天空中云层变薄裂开消散,地面温度降低而使水汽凝结成辐射雾,待到日出后雾将消去,就会出现晴天。

六月东风干断河

太阳高悬空中,阳光火辣辣地照耀着大地,树叶被晒得卷了起来,小河露出河床,河水快要断流了。

李大爷站在田坎边,望了望自家的庄稼,无可奈何地摇了摇头——田地的庄稼因为缺水,苗叶枯黄,快要干死了。

"天旱了这么久,一滴雨都不下,庄稼快没救了,"李大爷的儿子小李也来到田边,他看了看奄奄一息的庄稼说,"咱们赶紧想想办法吧!"

"有啥办法可想,这个月看来都不会下雨了,"李大爷叹了一口气说,"古话说得没错:六月东风干断河。这风如果还刮下去,雨就不会下,庄稼都会全部干死……"

"真的呀?"小李惊讶地说,"那得赶紧想其他办法抗旱!"

在这个事例中,李大爷所说的"六月东风干断河"是什么意思呢?很简单,就是说如果农历六月里刮东风,那么本地将会出现旱情,河床里的水会渐渐下降,并且越来越少。

气象专家告诉我们,风是地球上常见的一种气象现象,它和高温干旱的关系比较密切。民间有谚语:"春东风,雨祖宗,夏东风,一场空",意思是说,春天要是刮东风,那么就会出现春雨绵绵的天气;而夏天要是刮东风,那么将会雨水短缺,给农作物生长带来不利。"春时东风双流水,夏时东风旱死鬼",这个意思和上一句的谚语差不多,是说春天如果刮东风,将是阴雨天气,地上将雨水横流;夏天如果刮东风,将会出现严重的旱情。另外,刮南风也会带来异常天气,"五月南风发大水,六月南风井底干",是说农历五月如果刮南风,往往会带来热带风暴,造成大量降雨,引发水灾,而农历六月刮南风,不但不会下雨,而且还会出现高温干旱。

东风和南风制造高温干旱的例子,在 2006 年的川渝大旱中表现尤为突出:这一年夏季,四川、重庆两地气温接连突破历史极值,许多地方庄稼枯萎,树木干枯,河水断流,而据气象观测资料统计,高温干旱期间,川渝两地大多数时间吹的不是东风就是南风。2007 年入夏,四川盆地再次遭到高温侵袭,全省有一半以上的县(市)出现旱情,据四川气象台站观测,这段时间吹的几乎都是东风。

那么,六月的东风和南风为什么会带来高温干旱天气呢?据气象

「热浪来临前兆」

专家分析,这是因为夏季(包括公历 6 月在内),中国大陆东南沿海一带被一个强大的气团——副热带高压所控制。副热带高压就像一个旱魃,它走到哪里,哪里就会又热又干,从它身上吹出的风,自然

也是热风,因此,夏季时吹出的东风和南风,不但不会带来降雨,还会使当地高温连连,酷暑难耐,出现严重的干旱天气。

立夏无雨三伏热

二十四节气是中国古代订立的一种用来指导农事的补充历法,它们能反映季节的变化,指导农事活动,影响着千家万户的衣食住行。

在火热的夏季,根据节气日当天出现的天气,有时也能判断未来一段时间是否会出现高温热浪。

咱们先来看夏季的第一个节气——立夏。

每年 5 月 5 日或 5 月 6 日是农历的立夏。在天文学上,立夏表示即将告别春天,是夏日天的开始。立夏之后,温度明显升高,雷雨增多,农作物将进入一个旺盛生长的重要时节。

立夏在战国末年(公元前 239 年)就已经确立了,古书中这样描述:"立夏之日,蝼蝈鸣。又五日,蚯蚓出。又五日,王瓜生。"意思是说,立夏这天,人们可以听到青蛙的叫声(即"蝼蝈鸣"),五天之

后，蚯蚓从土里钻出来，再过五天，王瓜的蔓藤开始快速攀爬生长。明代也有人这样写道："孟夏之日，天地始交，万物并秀。"在中国广袤的土地上，进入夏季后，夏收作物进入生长后期，冬小麦扬花灌浆，油菜接近成熟，夏收作物年景基本定局，所以农谚有"立夏看夏"之说。古人十分重视立夏节气，据记载，周朝时，立夏这天，帝王要亲率文武百官到郊外"迎夏"，并指令司徒等官员去各地勉励农民抓紧耕作。

通过多年的观察，人们得出了一个基本规律：立夏这天的天气如何，对未来天气的走向起着"指示牌"的作用，农村有这样的谚语："立夏无雨三伏热，重阳无雨一冬晴。"意思是说，立夏这天要是没有下雨，那么三伏天将特别炎热；重阳（农历九月初九）这天要是没有下雨，那么整个冬季都将是晴天少雨的天气。

上面所说的"三伏"，即初伏、中伏、末伏，它们分别是夏至后的第三个庚日、第四个庚日和立秋后第一个庚日，一般情况下，"三伏天"是一年中天气最热的时期。

立夏无雨真的三伏热吗？一位气象工作人员曾经对此做过验证，他对四川某地近 30 年来"立夏"这一天的天气进行了统计，发现"立夏"无雨的年份有 8~11 次，而对应的夏季炎热年份有 6~9 次，也就是说，"立夏无雨三伏热"的准确性达到了百分之六十以上，最为典型的是 2006 年和 2007 年的大旱，这两年的"立夏"这一天，当地都艳阳高照，天气晴好，结果进入三伏后，天气持续晴热，几乎滴雨不下，酿成了百年难遇的特大干旱。这位气象工作人员由此得出结论："立夏"这天有无雨水，可以作为当年夏季

「热浪来临前兆」

是否会出现高温干旱的一个重要参考依据。

不过,也有气象专家指出,这句谚语的"预报"准确率并不太高。因为按气候学标准,只有当日平均气温稳定升到22摄氏度以上才是夏季开始,按照这一标准,"立夏"前后,中国只有福州到南岭一线以南地区真正进入了夏季,而东北和西北的部分地区这时则刚刚进入春季,因此这句谚语的适用范围并不大。

夏至无云三伏热

接下来,咱们再看夏季的另一个重要节气——夏至。

夏至是二十四节气中最早被确定的一个节气。每年的夏至从6月21日(或22日)开始,至7月7日(或8日)结束。公元前7世纪,中国古人采用土圭测日影,从而确定了夏至。夏至这天,太阳直射地面的位置到达一年的最北端,几乎直射北回归线,北半球的白昼达到最长,且越往北白昼越长。夏至以后,太阳直射地面的位置逐渐南移,北半球的白昼日渐缩短。因此民间有"吃过夏至面,一天短一线"的说法。

天文学上规定,夏至为北半球夏季的开始。过了夏至,虽然太阳直射点逐渐南移动,北半球白昼一天比一天缩短,黑夜一天比一天加长,但由于太阳辐射到地面的热量仍比地面向空中散发的多,故在以后的一段时间内,气温将继续升高,因此有"夏至不过不热"的说法。

关于"夏至"和未来天气的关系,人们也总结出了一条精辟的谚语:"夏至无云三伏热。"它的意思是说,夏至这天要是天上无云,那么三伏天将特别炎热。对这条谚语最好的诠释,是 2012 年的三伏天。据气象观测统计,这年"夏至"这天,中国南方多地晴好,天空万里无云。结果夏至之后,南方十分火热,多地高温突破历史极值,其中,江西省南昌市的高温日数达到了 37 天(比多年平均高温日数高出 13 天),浙江省杭州市的日最高气温达 38.5 摄氏度,云南昭通市巧家县的日最高气温更是飙升至 43.5℃,突破了当地有气象记录以来的历史极值。高温热浪笼罩下,各地酷热难耐,杭州网友在微博上晒出了两个在汽车内被太阳"烤熟"的鸡蛋,更有网友戏言:"浙江就是个大火炉,觉得自己不够成熟的孩子出去转两圈就'熟'了。"

除了"夏至无云三伏热",类似的谚语还有"夏至响雷三伏冷,夏至无雨晒死人",意思是说,夏至这天要是下雷阵雨,那么三伏天就不会感到炎热,要是夏至这天没有雨,那么整个夏天将出现高温天气,使人感到暑热难耐。"芒种下雨火烧鸡,夏至下雨烂草鞋","火烧鸡"指高温炎热,意思是说芒种这天下雨,往下一段时间将是高温炎热的天气,而如果夏至这天下雨,将出现长时间的降雨,致使草鞋被浸烂。

接下来,咱们再看看夏季的其他节气。

夏季的第三个节气是芒种,一般为每年农历的 6 月 5 日左右。顾名思义,"芒"指有芒作物,如小麦、大麦等,"种"指种子。芒种即表明小麦等有芒作物成熟。人们根据芒种这天的天气,总结出这样的规律:芒种这一天如果下雨,那么往后都将是晴天,反之,如果芒种这天是晴天,太阳晒得路面发烫,那么接下来将不断有西北方向的雷阵雨袭来,因此谚语有"芒种雨,日晒路""芒种火烧街,西北(雨)

「热浪来临前兆」

十八个"等说法。气象专家指出,芒种前后,中国中部的长江中下游地区,雨量增多,气温升高,进入了连绵阴雨的梅雨季节,空气潮湿,天气异常闷热,但有时也会出现干旱的情况,至于谚语中所说的情况,专家称这可能是一种小概率事件。但不管如何,芒种这天如果下雨,我们就要做好防御高温热浪的准备了。

夏季的节气还有小暑和大暑,关于它们,民间也有不少预测后期天气的农谚——

"小暑北风水流柴,大暑北风天红霞",意思是小暑这天如果刮北风,将有连续的暴雨,造成洪灾(冲走木柴);如果大暑这天刮北风则不会下雨,将会出现旱情。

"夏至沧没透,大暑来沧凑",意思是夏至这天要是没有热透,即不是大热天,那么大暑这天必是高温炎热的天气。

此外,在炎热少雨的季节,滴雨似黄金,中国的江苏、浙江一带有"小暑雨如银,大暑雨如金""伏里多雨,囤里多米""伏天雨丰,粮丰棉丰""伏不受旱,一亩增一担"等说法。如大暑前后出现阴雨,则预示以后雨水多,农谚有"大暑有雨多雨,秋水足;大暑无雨少雨,吃水愁"的说法。

黄梅季节观旱情

每年的农历五月,正值梅子成熟时节,中国长江中下游流域会进入一段特殊的时期,这就是令人烦恼的黄梅时节。

众所周知,黄梅时节一到,淅淅沥沥的雨就会下个不断,不过,有时候黄梅时节也会出现高温热浪天气。下面,咱们就一起去了解这其中的奥秘吧。

先来看风向和黄梅时节的关系。江南一带最典型的谚语是这一句："梅里西南风，老鲤鱼爬潭。"意思是黄梅时节里，如果吹的是西南风，那么天气就会晴好干旱，在高温热浪的持续侵袭下，潭里的水会越来越少，老鲤鱼不得不爬出水面来大口呼吸。专家指出，西南风之所以会带来高温天气，是因为这时南方已经处于副热带高压的控制下，从它那里吹来的风，当然是又热又干，不可能下雨了。

按照民间的标准，黄梅时节应该划分为两个阶段：一般情况下，刚入梅的前 15 天被称为"莳天"，莳天的特点是湿度大，但温度不是太高；入梅的后 15 天称为"梅天"，它的特点是温度高。民间有这样的谚语："梅里西风莳里雨，莳里西风当日雨。"意思是说，如果黄梅季节吹西风，那么预兆莳天会下雨，而如果莳天里吹西风，那么预兆梅天会少雨，当地将迎来高温干旱天气。"黄梅寒，井底干；莳里寒，没竹竿"，这句谚语的意思是，如果黄梅时节天寒，那么预兆少雨或干旱；如果莳天里天寒，那么预兆多雨或洪涝。"梅里伏，热得哭"，意思是说，黄梅季节没有结束便直接进入三伏天，那么预兆这个夏天的天气将十分酷热。

人们把刚刚入梅的时间叫作"黄梅头"，而将黄梅时节行将结束的时间叫作"黄梅脚"。雨在"黄梅头"下，还是在"黄梅脚"下，两者预兆的天气可谓天差地别。

"雨打黄梅脚，井底要进圻"，这句谚语是说黄梅时节要结束时下雨，那么未来一段时间井底的土都会干裂，也就是说，这个谚语预兆的是高温干旱。这是为什么呢？专家指出，黄梅时节临近结束，恰逢小暑节气之后，正当阳历 7 月中上旬，如果在此期间下雨，表示北方冷空气能量快要耗尽，而南方的温湿气团出现突破性的强势，并控制着天空，这样，本地区上空没有冷空气与之交锋，当然不会下雨。此时此刻，完全由强势的副热带高压控制着天空，天气稳定，晴朗持久，所以说"井底要迸坼"。当然,这是形容晴朗的天气多,并不是真正干得连井底淖泥都开裂。

类似的谚语还有很多。"雨打黄梅头,四十五天没日头;雨打黄梅脚,四十五天田发白",说的是黄梅时节刚开始时下雨,那么阴雨天将会持续 45 天;而黄梅时节将要结束时下雨,未来 45 天内都不会下雨,田会干得发白。"雨打梅头,得转牛头;雨打梅脚,踏断牛脚",这里的"得转牛头",指未来雨很多,而"踏断牛脚",形容天气干旱。另外,"雨落黄梅头,小麦逐个堆;雨落黄梅脚,车断黄牛脚",说的也是同一意思。

黄梅时节和节气联系起来,也能预测未来的天气。在江南一带的农村,种田人都知道"芒种三日后入梅,小暑三日后出梅"。意思是说,芒种节气之后的三日,江南一带便进入了黄梅天,而进入小暑后的三日,黄梅时节便结束了。不过,如果在小暑这一天打雷,那么情况就会很糟糕,种田人日盼夜盼的出梅就会成为泡影,当地又会回到水淋淋的黄梅天,所以有"小暑一声雷,倒转作黄梅"之说。

阳历 4 月的雨水,人们称之为"桃花水",民间有"桃花水多,黄梅水少""发尽桃花水,必有旱黄梅"的谚语,因此,每年 4 月雨水的多寡,也可以作为判断黄梅季节是否出现高温干旱的一个依据。

昆虫知晴热

昆虫大多都长得小巧,而且毫不起眼,但它们却是预报天气的主力兵团,在高温热浪天气来临之前,它们有什么样的反应呢?

先来看一种夏天常见的昆虫——知了。

下了一上午的雨。到了中午,雨还未停歇,但外面已经响起了"知了,知了——"的声音。

"这场雨一停,看来又得热几天了。"种了一辈子庄稼的老王走出屋子,准备去把自家蓄水池里的出水口堵上。

"王大爷,天上还在下雨,你怎么把塘堵上了,万一水漫过池塘,路就会被淹没呀!"一个骑车路过的年轻人不解地说,"你是不是老糊涂了?"

"我才没糊涂呢,这雨很快就会停,而且接下来几天都是大晴天,不蓄点水,到时秧田就灌不上水了。"

"你咋知道接下来几天会晴?"年轻人笑嘻嘻地说,"莫非你老会算?"

"你没听见知了在叫吗?"老王指了指四周,"'雨中知了叫,报告晴天到',这是老祖宗传下来的经验,不会有错。再说,我侍弄了一辈子庄稼,知了啥时骗过咱?"

"好了好了,我不给你说了,我还得赶往城里干活哩。"年轻人说着,急匆匆骑车走了。

到了下午1点左右,雨果然停了,之后几天,太阳火辣辣地照耀着大地,一些蓄水不多的池塘很快干涸了,但老王家的蓄水池却发挥

「热浪来临前兆」

了大作用。

看到这里,你可能会好奇:知了的叫声为何能预报晴天呢?

知了,学名叫蝉,是一种会飞的昆虫。蝉一般在晴好天气鸣叫,而阴雨天气则无声无息,所以农村有谚语:"蝉鸣天气晴,雨天蝉不鸣。"在炎炎夏日里,蝉鸣往往预示着炎热天气将持续,所以有"知了鸣,天放晴"的说法。不过,在雨天行将结束的时候,蝉也会叫,这时的蝉鸣往往预兆着晴好炎热天气的到来,所以有"雨中知了叫,报告晴天到""蝉在雨中叫,预报晴天到""雨中听蝉叫,可知晴天到"等说法。

那么,蝉为什么会"预报"晴好炎热天气呢?原来,这是由蝉的生理特性决定的,蝉对天气变化比较敏感,尤其是晴雨变化。在蝉家族里,雌蝉都是哑巴,它们从不会鸣叫,而雄蝉则个个是歌唱家,它们靠高亢激昂的歌声吸引雌蝉,并最终赢得爱情,完成生儿育女的人生大事。不过,雄蝉唱歌也是有讲究的:如果未来是阴雨天气,雄蝉们一般都不会鸣叫(即使要叫也是断断续续),因为这种天气不适合谈情说爱;如果未来是炎热晴好天气,雄蝉们就会大声高歌,争取"意中人"来到自己身边。因为蝉的生命很短暂,所以有时雨天还未结束,但如果预感到未来天气会转好,它们便会起劲唱歌,以只争朝夕的精神繁衍后代,这便是"蝉在雨中叫,预报晴天到"的原因。

昆虫飞行家族的杰出代表还有蜻蜓和蜜蜂。蜻蜓是完美的飞行大师,它在空中飞行的高低,与天气有着直接关系:如果未来天气要变坏,如出现暴风雨等,它们就会飞得很低,这一方面是为了捕捉虫子,另一方面也是因为空气湿度加大,它们的翅膀被粘住而飞不高,因此有"蜻蜓低,带棕衣"之说;但如果未来天气晴好,蜻蜓就会飞得很高,因此说"蜻蜓高,晒得焦"。此外,蜻蜓家族有一种比较凶悍的独行侠,被称为"黑蜻蜓"。它们腹部呈灰白色,身体其他地方呈黑色。这种黑蜻蜓平时独来独往,很少成群结伙,当未来天气会发生干旱时,它们就会凑在一起,像无头苍蝇般飞来飞去,所以民间有"黑蜻蜓乱,天气要旱"的谚语。

咱们再来看看蜜蜂。蜜蜂也是飞行大师,不过它们的前后两对翅膀很轻薄,如果粘上湿气,它们的体重就会增加,翅膀变软变重,振翅频率减慢,飞行较困难,所以在降雨天气来临前,它们只好待在蜂巢里不出来。如果未来天气转好,辛勤的蜜蜂马上就会飞出蜂巢去采集花蜜,所以有"蜜蜂出巢天气晴""蜜蜂归窠迟,来日好天气""蜜蜂采蜜,未来天晴朗"等谚语。

鸡鸭兆天晴

鸟儿和人类饲养的家禽,对天气变化也十分敏感,未来天气是否晴好,会不会出现高温热浪天气,它们事先也会有所反应。

日常生活中,如果你关注它们的一举一动,很可能就会捕捉到晴好高温天气的蛛丝马迹哩。

太阳落山了,但大地上仍有些火热。这时,一股凉风吹来,在院子里乘凉的人们都感觉舒服了许多。

"该下雨了,"来乡下度暑假的小张瞧了瞧天空,说,"已经有一周没下雨了,再不下点雨,人就要被热死了。"

「热浪来临前兆」

"我看这雨没戏,明天准又是一个大晴天!"一旁的外公摇了摇头。

"外公,天上出现了那么多云,怎么会不下雨呢?"小张表示不理解。

"天上是出现了一些云,但那些都不像下雨的云,"外公指着院子角落的鸡笼说,"你瞧,天还没黑,鸡就跑进笼里去了,明天咋会下雨嘛?"

"鸡进笼子就不会下雨?"小张有些惊讶。

"你外公说得没错,只要鸡鸭早早入笼,明天很可能又是一个大晴天,"外婆把鸡笼关好说,"只有鸡鸭迟迟不回笼,第二天才有可能下雨。"

"这是怎么回事呢?"小张感到很好奇。

"我们农村有句谚语,叫'鸡鸭早归笼,明日太阳红',意思就是说头天晚上如果鸡鸭早早进入笼中,第二天太阳一定会红彤彤地挂在天空,"外公"吧嗒"了一口旱烟,说,"鸡鸭从不欺骗主人,它们预报天气准得很哩。"

"外公外婆,那你们知道其中的原因吗?"

"这个,我们哪里知道……"外公外婆答不上来了。

是呀,这其中的原因到底是什么呢?相信你和小张一样,也是一头雾水。

其实,家禽(特别是鸡)预报天气的例子在农村比较常见,与"鸡鸭早归笼,明日太阳红"相对应的谚语是"鸡进笼晚兆阴雨",说的是鸡如果进笼比较晚,那么第二天一定

是阴雨天气。据分析,这可能是下雨之前,气压降低,湿度增大,昆虫们都贴着地面飞,鸡要觅虫食,再加上笼里闷,所以它们都不愿早早进笼,反之,如果第二天是晴好天气,鸡们便都宁愿早早入睡。另有专家认为,家鸡的睡姿也与天气有联系,如鸡头向外,则天气晴朗;如果鸡头向里,则天气要变有雨;如果鸡头不里不外,身体横向鸡窝,则天气阴郁。

此外,在闽南地区流传有一句关于鸡与天气的谚语:"鸡晒翅,发大日;鸡晒腿,发大水。"一名叫陈福气的厦门农民经过长期观察和总结,验证了这条谚语的准确性。他解释,如果看到家中的鸡晒太阳时,不仅张开了翅膀,还伸出了腿,则预示着未来几天会出太阳;而如果晒太阳的鸡,只是伸出腿,就预示着未来几天会下大雨。陈福气说,不只是鸡,鸭子的这一动作也能用来预测天气,只是没有鸡灵验。不过,这一现象到底是怎么回事,目前尚没有科学的解释。

燕子"赶集"天要旱

鸟儿是大自然的精灵,它们在长期的进化过程中,为生存繁衍形成了适应环境的各自特殊器官,对节令更换、阳光强弱及风雨雷电等现象极为敏感,人类从其发出的不同鸣叫、飞行动态或迁移之举,便能测知未来的天气趋势。

先来看看燕子。

燕子是益鸟,也是人类的好朋友,很多时候,它们都是"夫妻双双把家还",但有时候,成千上万只燕子会聚集在一起"赶集"。据分析,这种群燕聚集的现象,往往与当地的气候变化有关:大多数时间,

「热浪来临前兆」

群燕"赶集"预兆的往往是阴雨天气,因为风雨来临前,稻田里的害虫都会爬出来活动,于是燕子们便聚在一起大快朵颐。不过,燕子"赶集"也有例外的时候。

2006年6月中旬,每到傍晚降临,重庆荣昌县盘龙镇盘周街上的4条电线上就会密密麻麻地落满燕子。这些燕子都是从远处飞来的,它们的数量达到了上万只。来到盘龙镇后,燕子们不吵不闹,既不捉虫,也不追逐嬉戏,它们十分安静,都整齐地排列着,一动不动地蹲在电线上。第二天天亮后又整齐地全部离开。燕子们的奇怪举动引起了镇上居民的好奇,不过燕子是益鸟,而且在农村代表吉祥,所以没人去惊动它们。燕子们来来去去,持续了一周多时间后突然消失。此后的两个月,包括荣昌县在内的川渝地区高温连连,热浪袭人,出现了百年不遇的特大干旱。事后,有人分析燕子"赶集"可能是一种预兆:燕子们预感到当地要发生大旱,所以聚集在一起互通信息,"商量"应对办法,之后,它们选择了逃之夭夭。

这种个例比较少,未得到普遍认同,不过,如果在晴好天气状况下,燕子们聚在一起"赶集",我们都应引起足够重视,因为随之而来的,很可能便是高温热浪天气。

能预报晴好天气的鸟儿还有老鹰、喜鹊等。俗话说"老鹰呼风,无雨下",老鹰如果在天空飞扬盘旋,说明天上没有浓云,而且能见度高,所以一般不会下雨。"喜鹊枝头叫,出门晴天报",意思是只要听见喜鹊在枝头欢愉鸣叫,那么当天一定是个大好晴天。"麻雀跳,天要晴",指晴天早晨,麻雀东跳西跃,预示未来天气继续晴朗,而当它们缩着头发出"吱——吱——"的长叫声时,预示着不久将有阴雨。

另外,猫头鹰在夏秋季节的日出或黄昏时,如果两声三声地连着叫,叫声低沉如哭泣,并在树枝间东跳西跃,很不安宁,表明快要下雨了,反之,如果它们比较安静,那么晴好高温天气将持续。乌鸦在低空飞行,同时不断鸣叫,这是天晴的征兆,而如果它发出含水般的叫声,表示雨天会继续,或晴天将要变阴雨天。黄鹂如果发出类似猫的叫声,这是阴雨天气即将来临的征兆,但如果它发出长笛般的鸣叫,则表示将是晴好的天气。

奇妙风雨花

什么,植物也能预测高温热浪天气?

这可不是天方夜谭,前面我们介绍了动物洞天察地的本领,事实上一些植物也有这种"奇术",它们像气象预报人员一样,也能对包括高温在内的晴好天气做出较准确的预报。

2009年8月的一天,在云南西双版纳的一个植物园,一群游客在导游的带领下,兴致勃勃地观赏园内的各种热带植物。

"下面,我向大家隆重介绍一位气象专家,"当大家走到一处花台前时,导游故作神秘地说,"这位专家是这个植物园内的顶级明星,它不但长得美丽,而且还能预报天气哩。"

"专家在哪里?"游客们四处张望,周围连一个人影也没有。

"我所说的专家,就是大家眼前的这株花!"导游笑眯眯地指着眼前一株高不足1米的花树说,"因为能预先知道天气变化,因此人们都叫它'风雨花'。这种花原产自墨西哥和古巴,喜欢生长在肥沃、排水良好、略带黏性的土壤上，它不喜欢寒冷，只能生长在温度比较高的地区，所以中国只有西双版纳能让它安家。"

"什么，这种花能预报天气？"游客们颇感惊奇。大家仔细观看，只见眼前的"风雨花"叶子呈扁线形，弯弯悬垂，很像韭菜的长叶，它的鳞茎呈圆形，比葱兰略为粗壮一些。在鳞茎顶端，一些颜色粉红的花儿迎风招展，看上去显得有几分美丽。

"这种花是石蒜科葱兰，属草本花卉，它的学名有好几个，有人叫它红玉帘，有人叫它菖蒲莲，还有人叫它韭莲，"导游说，"它预报天气的奥秘，就在于它那神奇的花朵。"

"这到底是怎么回事呢？"大家迫不及待想知道答案。

"这种花一般在春夏季节开花，它开花有一个特点，那就是暴风雨将要来临时，它才会开放出大量花朵，而如果天气干旱，它就会迟迟不开花，"导游说，"人们根据它的这一特点，就能知道近期天气是下暴雨，还是会维持高温。"

"太神奇了，真不愧是'风雨花'！"游客们大为赞叹，并纷纷与这株奇花合影留念。

那么，"风雨花"预报风雨的奥秘何在呢？专家分析，这是因为暴风雨到来之前，外界大气压降低，植物的蒸腾作用增大，使风雨花贮藏养料的鳞茎产生大量促进开花的激素，从而使它开放出许多花朵来。相反，如果天气一直晴热干燥，风雨花得不到激素，就不会绽放花儿了。

"风雨花"十分罕见，不过有一种奇花可与它媲美，这就是生长在澳大利亚和新西兰的"报雨花"。这种花非常像中国的菊花，花瓣呈长条形，有各种不同的颜色和花姿，不同的是，"报雨花"的花朵比菊花大2~3倍，看上去显得更加艳丽。它"预报"天气主要通过花瓣进行：如果未来天气变坏，将出现暴风雨时，"报雨花"的花瓣就会萎缩，把花蕊紧紧地包裹起来；而当未来天气晴朗，不会出现降雨时，它的花瓣

便会全部展开,露出里面的花蕊。当地居民出门之前,一般都会看一下报雨花,如果花开就不会下雨,如果花萎缩,就预示着将会下雨,因此当地人亲切地称它为"植物气象员"。

据科学家研究,"报雨花"之所以能预报晴雨天气,是因为它的花瓣对湿度比较敏感:当空气湿度增加到一定程度时,其花瓣就会萎缩,把花蕊紧紧地包起来;而当空气湿度减少时,它的花瓣又会慢慢地展开。

预报天气的大树

花儿能"预报"晴雨,而草也当仁不让。这其中,一种生长在瑞典的草因为能像温度计一样测量出温度的高低,因而获得了"气温草"的美名。

这种草生长在瑞典南部地区,它的叶片为椭圆形,开蓝、黄、白三种颜色的花,因此人们又叫它"三色堇"。这种草的叶片对气温反应极为敏感,并且随温度高低呈现出不同的形状:当气温在20摄氏度以上时,它的叶片向斜上方伸出,似乎是因为怕热而敞开胸怀散热;若气温降到15摄氏度时,叶片慢慢向下运动,直到与地面平行为止;当气温降至10摄氏度时,叶片就向斜下方伸出。如果温度回升,叶片又恢复为原状——当地居民根据草的叶片伸展方向，便可知道温度的高低。

除了"气温草"，一些多年生草本植物，如结缕草和茅草也能够预测天气：结缕草在叶茎交叉处出现霉毛团，或茅草的叶茎交界处冒水沫时，就预示要出现阴雨天，因此有"结缕草长霉，天将下雨""茅草叶柄吐沫，明天冒雨干活"的谚语，反之，天气就会维持晴好高温天气，甚至会出现旱情。

更神奇的是，大树也能预报天气。在安徽和县大滕村，有一棵株高7米、树围3米多的大树，这棵树的树冠覆盖面积达100多平方米。当地人通过多年的观察和总结，发现这棵树发芽时间的早迟和树叶疏密的状况具有"预测"旱涝的能力：若它在谷雨前发芽，且芽多叶茂，即预示当年雨水多，往往有涝灾；若正常发芽，且叶片分布有疏有密，即预示风调雨顺；如推迟发芽，叶片也长得少，则为少雨年份，当地夏季常常会出现高温天气，并酿成严重旱灾。

实践证明，这棵树的预报很准确：1934年它推迟到农历6月份才发芽，结果和县出现特大旱灾；1954年它发芽又早又多，那年和县发了大水；1978年它推迟到端午节才发芽，果然又是大旱年；1981年它发芽时间正常，全株树叶有疏有密，当年和县风调雨顺，五谷丰登。科学家对这棵奇妙的"气象树"进行了研究，发现它对生态环境的反应特别敏感，因而能对气候变化做出不同的反应。

在广西忻城县龙顶村也有一棵会预报天气的大树。这是棵100多年树龄的青冈树，它的叶片颜色会随着天气变化而变化：晴天时，树叶呈深绿色；久旱将要下雨前，树叶变成红色；雨后天气转晴时，树叶又恢复成原来的深绿色。科学家经过研究，揭开了这棵青冈树叶色变化能预报天气之谜。原来，树叶中除了含有叶绿素之外，还含有叶黄素、花青素、胡萝卜素等。叶绿素是叶片中的主要色素，在大树生长过程中，当叶绿素的代谢正常时，便在叶片中占有优势，其他色素

就被掩盖了，因此叶片呈绿色。由于这棵青冈树对气候变化非常敏感，在长期干旱即将下雨前，常有一段闷热强光天气，这时树叶中叶绿素的合成受到了抑制，而花青素的合成却加速了，并在叶片中占了优势，因而树叶由绿变红。当干旱和强光解除后，花青素的合成又受到抑制，却加速了叶绿素的合成，这样叶色又恢复了原来的深绿色。

大自然真是太奇妙了！

热浪逃生
自救及防御

停下喘口气

高温笼罩,热浪阵阵,可还有人在足球场上奔跑驰骋。哎呀,这是不要命的节奏啊!

踢足球也会有生命危险?咱们先来看一个足球场上的悲剧。

2012年5月中旬的一天下午,摩尔多瓦共和国奥尔海伊市的一个足球场上,两支足球队正拼力厮杀。摩尔多瓦位于欧洲巴尔干半岛东北部多瑙河下游,东欧平原南部边缘地区,是一个内陆小国家。尽管刚刚进入5月,但摩尔多瓦的天气已经十分炎热了。因为连续多日没有下雨,气温节节攀升,高温热浪像一张无形的大网,将当地的一切笼罩得严严实实。

在高温酷暑下,当地人的生活却没有多大改变,特别是很受该国青少年喜爱的U16青年足球联赛,仍然在高温中如期进行。5月中旬的一天下午,U16联赛迎来了最后的决赛,由奥尔海伊市运动学校足球队主场迎战温盖尼市的另一支学生球队。在烈日炙烤下,两支足球队为了冠军荣誉,在球场上展开了激烈拼杀,球迷们则大声呐喊,为各自支持的球队助威。一时间,球场上"刀光剑影","脚"来"腿"往,其中,有一个叫罗曼·伦古的球员表现得尤其突出。罗曼·伦古当年16岁,是奥尔海伊市代表队的队长,他技术娴熟,拼抢、跑动都十分积极。在他的带动下,奥尔海伊队发动了一波又一波的攻势,把温盖尼队踢得狼狈不堪。在距离比赛结束还有10分钟时,奥尔海伊队已经以3比0领先。眼看冠军触手可及,主队的球迷们全都站起来准备开始庆祝了。

但令人意想不到的是，悲剧就在此时发生了。

尽管大比分领先，但罗曼·伦古仍然表现得十分抢眼，他再一次长途奔袭撕开对方防线，险些又制造了一次得分良机。不过，就在这次奔跑之后，罗曼·伦古身体晃了几下，突然一头栽倒在地人事不省。"罗曼，你怎么啦？"队友们赶紧围了过去，队医也迅速进场进行抢救，并立刻将他送往当地医院，然而罗曼·伦古再也没能醒过来。

尸检结果显示，罗曼·伦古是死于心脏骤停，医生指出，这和当地的高温天气有很大关系：比赛在当地时间下午2点进行，这正是一天中气温最高的时候，当时球场上的温度达到了30摄氏度以上，而身为球队队长的罗曼·伦古太想赢球了，他为这场比赛拼尽了全力，直到终场前10分钟还在奔跑，从而使心脏不堪重负骤然停跳。

可以说，正是不顾一切的拼命三郎的角色使这个足球天才过早地凋零了。

即使是成年的职业足球明星，稍有不慎也会被高温热浪夺去生命。2013年7月30日晚21时许，卡塔尔足球联赛刚刚结束了一场比赛，裁判的终场哨声响起之后，参赛球队之一的阿尔贾什队前锋贝尼特斯突然倒地，再也没能苏醒过来。贝尼特斯当年27岁，是一名来自厄瓜多尔的足球明星，他司职前锋，是厄瓜多尔国家队历史上第三号射手，并曾在英格兰的伯明翰俱乐部效力过。三周前，他刚刚以1000万英镑的身价加盟阿尔贾什队，并代表阿尔贾什队参加过多场比赛，身体健康。不过，这场比赛的天气太炎热了，当天晚上足球场上的气温高达30多摄氏度，而贝尼特斯在比赛中拼尽了全力，最终导致他心脏病突然发作而死亡。

那么，高温天气下踢球应怎样保护自己呢？专家指出，夏季高温天气是心脏病突发的高峰期，发病几率比其他季节高出 3 倍，所以夏天要十分重视心脏问题，当我们进行踢足球等高强度运动时，要特别注意防范心脏病突发。专家提醒：夏天踢球要量力而行，千万不要勉强自己，跑不动的时候，一定要停下来喘口气。

必须记住：在高温天气下踢球，千万别当拼命三郎！

大声喊暂停

篮球是一项广受欢迎的大众运动，大家打球的积极性并不会因为夏天天气的炎热而降低。

可是与足球运动一样，在高温天气下打篮球同样有生命危险。

17 岁的阿明，是广东某市一所中学篮球队的主力队员，他曾代表学校征战过数十场比赛。2014 年夏天，市里组织全市中学生篮球锦标赛。阿明所在的校队一路过关斩将，成功打入了决赛。

决赛的对手，是一所重点中学的篮球队，他们也是阿明所在篮球队的老对手。为了争夺这次冠军，队员们上下齐心，攒足了劲儿，而阿明更是十分兴奋，因为再过一年就要高中毕业了，他很想在毕业之前帮助母校捧回一座冠军奖杯。

不过，决赛当天阿明的状态并不太好。这场比赛安排在市体育馆内进行，由于气温很高，空调又不给力，馆里十分闷热。双方队员一投入比赛，很快便气喘吁吁，大汗淋漓。

阿明打了一会儿后，突然感觉胸口有点憋闷。今天这是怎么啦？他心中有些着急，眼看对方球员已经带球突破进入了禁区，他赶紧奋力跳起来封盖。

"嘭"的一声，阿明给了对方一个严实的盖帽，篮球一下被扇出了界外。

全场欢声雷动，而旁边的领队和教练也情不自禁地竖起了大拇指。不过，没等大家缓过神，阿明突然做出了一个"暂停"的手势，请求裁判赶紧换人。

"阿明，你怎么啦？"教练丈二和尚摸不着头脑，换人是他的权利和职责，阿明怎么能擅自喊换人呢？

"教练，我有点不太舒服。"阿明手捂胸口，向教练摇了摇头。

"那你赶紧休息休息。"教练见阿明脸色苍白，连忙把队医叫了过来。

队医迅速为阿明做了身体检查，当发现他心跳异常后，又赶紧将他送到了医院。经过医生检查，确诊阿明是高温天气导致的中暑。

幸好阿明当时主动喊了"暂停"，否则球赛继续进行下去，他有可能会昏迷并导致心脏骤停。

阿明是幸运的，他用一个"暂停"的手势挽救了自己的生命，而同为17岁的小伙阿军则因为铆足劲儿打球而失去了宝贵的生命。

阿军是四川人，和几个老乡一起在江苏省姜堰市打工。2015年5

月 13 日上午，因为轮休不上班，阿军与几个同住的年轻人一起，骑车到姜堰市体育公园打篮球。当时天气十分炎热，太阳升起来后，大地更是像着了火似的，球场地面热得烫人。这天阿军打球十分卖力，许多高难度的投篮都命中了，这让他十分兴奋。第一场打了大约 20 多分钟，之后大家停下休息了半小时左右。第二场打了没一会儿，因为天气实在太热了，于是有人提出停下休息。

停下来后，阿军脸色很不好看，他一句话没说，独自走到篮球场边。之后，他又走到篮球场边的铁丝拦网前，用双手撑住铁丝拦网，慢慢地瘫倒了下去。"阿军，你怎么啦？"同伴们立即跑过去，但阿军始终没有反应。

被送到医院后，尽管全力抢救，但阿军还是没能醒过来。据医生介绍，阿军的死亡很可能是高温天气造成的：这天上午姜堰市球场上的温度在 30 摄氏度以上，加上当地湿度很大，天气闷热，在剧烈运动下，心脏负荷加大，从而导致阿军出现了心源性猝死。

以上这两个事例说明，在高温天气下打篮球会有多么严重的后果！专家告诉我们，如果你不是职业篮球运动员，那么在选择运动时间时，一定要避开高温天气；即使是职业球员，在高温天气下打球，身体一旦有不适反应，也要赶紧停止，千万不可强撑。

必须记住：任何时候只要身体感觉不舒服，就要敢于喊暂停。

跑步要当心

酷暑天跑步，不仅考验意志和耐力，而且也面临着一定的风险，有时甚至会付出生命的代价。

先来看一个真实的事例。

40多岁的雍某,是一家跨国公司的老总,同时也是一个狂热的长跑爱好者。无论走到哪儿,他都会带上跑步鞋和运动服。不过,跑了几十年的他,从没参加过马拉松比赛,因此,他一直期望能参加一场真正的马拉松赛。

机会终于来了,2014年6月的一天,雍某和未婚妻陈女士一起到四川峨眉山度假时,刚好碰到当地正在举办马拉松赛。雍某兴致勃勃地报了名,这天中午,他在自己的微信上写下了这样一句签名:"42千米195米,享受全马,为荣耀上天而跑,我的新梦想。"之后,雍某穿上运动服,出门跑步去了。

这是一天中温度最高的时候,当地的气温达到了32摄氏度,而路面上的温度更是在50摄氏度以上,再加上空气湿度很大,人体感觉非常难受。不过,雍某毫不畏惧,他冒着高温酷暑,向着梦想中的马拉松征途前进。

雍某出门去跑步后,未婚妻陈女士一直待在房间里等待,她不知道雍某参加马拉松去了。一般情况下,雍某跑40分钟就会回来,但这天她左等右等,两个小时过去了,仍不见未婚夫的踪影。"这是怎么啦？"由于雍某没带手机，她只得出门去找。结果一打听，坏大事了！

原来，雍某开始很兴奋，跑得也很快，但跑着跑着，他突然一头栽倒在地，昏迷了过去。路人发现后，迅速拨打了急救电话，将其送到了医院紧急抢救。但是，经过长达十多天的抢救，雍某还是因为多个脏器出现衰竭，继发血液感染离未婚妻而去。

雍某的死亡事件给广大跑步爱好者敲响了警钟。专家指出，夏天户外跑步一定要注意时间，不要在太阳最烈、日照最强的正午跑，最好选择晨练或晚上夜跑。另外，跑步时一旦出现头晕等状况，应果断停下来，不要硬撑，最好补充电解质饮料，喝一点藿香正气液。跑步时也不能一下子加码很多，里程应该循序渐进增加。

高温下跑步致死的事例，还曾经发生在校园里。2011 年 6 月 16 日下午 2 时，云南省大理州宾川县城镇中学的操场上，一群初二学生正在上体育课。这次课程的内容，是 1000 米跑步测试。当天的天气很热，天气预报最高气温为 33 摄氏度。同学们冒着酷热在高温天气跑步，一个个气喘吁吁，挥汗如雨。轮到一个姓孔的同学时，他奋力跑完全程，不过刚刚到达终点，便一头栽倒在地。学校老师赶紧把他送到医院急救，但最终还是没能挽回他的生命。

这起高温下跑步致死的事例警示我们：当你觉得自己体质较差、不能承受高温下的运动时，一定要向老师提出来，尽量减少在烈日下活动；而学校也应根据天气情况合理安排运动时间，如果天气特别炎热，就应将体育课推迟或改期。

此外，专家还特别提醒我们，一旦在跑步中出现头晕无力、胸闷、心慌、气急，或者面色潮红、大量出汗、心跳加速等症状，应迅速撤离高温环境，选择阴凉通风的地方休息，并多饮用一些含盐分的清凉茶水，还可以在额部、颞部涂抹清凉油、风油精，或服用人丹、十滴水、藿香正气水等药品。如果上述症状还不能缓解，就应该及时去医院。

「热浪逃生自救及防御」

科学锻炼三原则

前面我们讲了在高温下踢足球、打篮球和跑步的事例,现在再来看看其他运动。

2007年7月的一天,杭州一位65岁的老人在公园打拳时突然倒下,送到医院后很快停止了呼吸。据家属讲,这位老人平时身体很好,前一天晚上还和家人一起看电视到9点多才睡下,第二天早上出去时还好好的,没想到这一去便成了永别。

打个拳也会突然死亡?医生解释,这天的天气非常炎热,老人在打拳过程中,因高温不适导致了猝死。猝死一般是由心脏、脑血管破裂等原因引起的,从症状出现到死亡1小时以内突发的非创伤性死亡。男性猝死率高于女性,较多发生于运动状态,尤其是高温下剧烈运动,发生猝死的几率更大。

酷暑天打羽毛球也会面临风险。2013年7月6日上午11时许,西安市一位55岁姓杨的老人和朋友一起,到省体育场一家室内羽毛球馆打球。在打球的过程中,他突然晕倒在地,朋友赶紧拨打"120",急救车将他送至医院抢救,然而两小时后,杨先生的生命还是没有被挽回。医生诊断他是大面积心肌梗死,跟天气闷热、运动过量有关。无独有偶,2013年7月7日,杭州24岁的许某,和同事一起去羽毛球馆打羽毛球,打了半个小时后,他觉得有点累,便下场休息。然而下场没多久,他便突然晕倒,后来再也没能醒过来,医生最终确定其为心源性猝死……

通过以上的例子,你可能会得出这样的结论:高温天气锻炼真要命。是的，医生指出，高温是夏季猝死的一大诱因，八成以上的运动猝死都是由运动诱发心脏疾病导致的，尤其是在高温环境下，运动会使心跳加速，加大心脏负荷，有可能出现晕厥甚至心源性猝死。

不过，你可能会说：夏天不可能整天都待在房间里不动呀！

是的，"冬练三九，夏练三伏"，夏季正是锻炼的好时节！不过专家告诉我们，夏天锻炼是一门学问，如果方法不当，不仅起不到健身的效果，还可能会伤害身体，在高温天气下锻炼，应该遵循以下三个基本原则：

第一，巧选运动时间。当外界气温发生变化的时候，我们的身体就会"启动"体温调节功能来适应外界的温度变化，但是当气温超过35摄氏度时，就会影响人体的体温调节功能。如果要在户外健身，可以选择一天中相对凉爽的时间进行。比如说可以在早上7点之前或者下午6点以后，可以选择室外阴凉通风的地方，运动时间不宜过长。

第二，巧选运动装备。由于夏季温度湿度相对高，锻炼时应选择轻便、浅色、宽松、吸汗性好的衣服，比如说"速干衣"。一般速干衣的干燥速度比棉织物要快50%，其特殊的质地可以将汗水和湿气迅速导离皮肤表面，保持皮肤干爽舒适。如果选择户外运动，最好再戴上太阳帽、涂抹防晒霜来防止紫外线的侵袭，并带上清凉油、人丹等以备中暑时用。

第三，巧选运动项目。高温天气里有一些运动项目可以健身、避暑两不误。在这里向大家推荐两个避暑运动——溜冰和游泳。想必游泳大家都再熟悉不过了，而如今溜冰场也成了"夏日新宠"。溜冰场的冰面温度大概在零下2摄氏度左右，即使整个场馆不开空调，室内温度也在24摄氏度以下，非常凉快。

专家还指出,锻炼应当循序渐进,先室内后室外,如果你从室内到室外,那么先安排两周做一些简单、非剧烈的锻炼,让你的身体慢慢适应高温;在锻炼过程中,要及时补充水分,每隔30分钟喝180～350毫升水;要留意中暑"警报",当温度和湿度都特别高的时候,就不要在室外锻炼。

防晒防脱水

上面我们讲了锻炼身体的三个基本原则,但事实上,很多人有时候并不会遵守它们,特别是运动时间这一点上,即使是在烈日炙烤、酷热难当之时,也会有人去户外锻炼。

那么,在三十多度的高温下锻炼,应该注意什么呢?

首先是防晒伤。医生告诉我们,晒伤又称为日光性皮炎,是由于日光中的中波紫外线过度照射后,引起人体局部皮肤发生的光毒反应。

晒伤的症状和体征一般出现于1～24小时内,72小时内达到高峰。皮肤变化从轻度红斑伴短暂鳞屑形成至疼痛,水肿,皮肤触痛和大泡,并累及下肢,尤其是胫前,特别令人烦恼,且不易痊愈。

晒伤是怎么发生的呢?请看下面这个事例。

夏季的一天下午,中学生小李约了一帮同学到家里玩。玩了没一会儿,大家觉得有些无聊,于是提出去小区的篮球场上打球。他们来到球场上后,立即分成两组"对练"了起来。

这天的太阳很毒辣,阳光照射在身上,让人感到有些火辣生疼,不过,小李和同学们全然不顾,大家在球场上左冲右突,打得十分过瘾。一时高兴,小李还把衬衣也脱了,只穿着短裤和背心……打完球下来后,小李穿衣服时发现自己全身晒得发红,而且双臂也开始发热生疼。

"糟糕,今天被太阳晒伤了。"小李暗暗叫苦,由于担心被责怪,他回家没有把这事告诉父母。当天晚上,他便感到全身像针扎一般,在床上翻来覆去,怎么也睡不着。

到了第二天,情况更加糟糕,小李的双臂出现脱皮,甚至起了水泡,疼痛难忍。没奈何,他只能把实情告诉了父母。父亲马上带他去了医院,医生一检查,诊断为太阳晒伤。

医生告诉小李,在以晴热干燥为主的高温天气里运动,紫外线对人类的威胁很大,只需要短短20分钟就能将人的皮肤晒伤,所以必须涂抹防晒产品加以保护。如果不幸被晒伤,要立即洗个冷水澡为皮肤降温,减缓脱皮过程,并用日晒后专用的保湿乳液抹上,也可以用西瓜皮在晒伤的胳膊上反复擦拭,或将西瓜皮刮成薄片,敷在晒红的皮肤上。

除了晒伤,在高温天气里进行打球、跑步等剧烈运动,还会出现一种症状——脱水。2010年7月的一天下午,成都市一名10多岁的学生打完篮球后回到家中,突然觉得胸闷、呼吸困难,并且症状越来越严重,送到医院后心电图诊断显示心律失常,经检查确认该小孩突发急性心梗,心脏血管出现了堵塞。据孩子的母亲回忆,他此前曾打了一个多小时的篮球,运动后一口水都没喝,回到家后  就发病了。医生经过检查认为,这名小孩出现的症状,就是运动后脱水造成的。

人体为什么会脱水呢?原来,高温天气下运动时,人的体温会急剧上升,为了调节体温,人体就会大量出汗以带走体内的热量。虽然出汗是生理调节,但大量出汗而不及时补液,就会导致脱水,轻者产生口渴、尿少、疲劳、肌肉抽筋,严重者可能引起中暑甚至危及生命,尤其是平时患有冠心病、高血压、高血脂的中老年人在运动时,如果不及时补液,很容易增加血液的黏稠度,造成心血管意外发病。

专家告诫我们,夏天运动时,一定要记得多补水,千万不要等到渴了再喝(因为感到口渴时候已经来不及了)。最好的补水方式,是运动10分钟左右便喝一次水,让身体一直处于不缺水的状态。

夏天防晒防脱水,你做到了吗?

高温天气防中暑

说完了锻炼运动应该注意的事情,咱们再来说说夏天的一大杀手——中暑。

高温热浪袭来时，往往晴空万里，阳光毒辣，数日滴雨不下，大地像着了火一般，此时，人类无论怎么努力都不能改变老天的脸色，只能选择与高温热浪抗衡。

中暑，是盛夏季节我们必须防御的第一道大关。

2013年8月7日，山东青岛市笼罩在高温热浪编织的蒸笼中。下午5点左右，该市城阳派出所民警接到群众报警：在城阳区国城路旁一个荷花池有个人，半个身子扎在水池内一动不动。民警立即赶到国城路，在一个长满了荷叶的水池边，发现了一个身穿白色T恤的男子躺在那里，两眼微闭，嘴唇发紫，半边身子泡在水里，手掌已经被泡得泛白。民警伸手探探他的鼻子，发现还有浅浅的呼吸，于是赶紧将他抬出荷花池，扶到一边树下的阴凉地里。接着，民警试着用手按压他的人中穴，并找来湿毛巾为他擦脸，但这名男子都没能醒来。警察只好拨打了急救电话。医生赶到后经过抢救，终于将他救醒了过来。原来，这名男子中午出来与女朋友约会，自认为身体很好，在没有任何防晒避暑措施下，逛了3个小时，由于天气炎热，在回去的路上他突然感到头晕、恶心、浑身乏力，看到路旁不远处有个水池，于是想过去凉快一下，没想到刚走到水池边，便两眼一黑晕了过去，还好没有完全扎进水池，否则后果不堪设想。

据医生诊断，这名男子之所以晕倒，是因为中暑的缘故。中暑可以说是人类的一大杀手。2013年夏季，英国遭受了7年来持续时间最长的热浪袭击，在持续近一周30摄氏度以上的高温天气中，有700多人死亡，其中大部分是死于高温热浪导致的中暑；2013年夏季日本也遭遇了热浪的袭击，出现全国性高温天气，仅仅7月9日这一天，日本全国就有902人因中暑被送往医院抢救。

专家介绍，中暑的表现主要是全身发热，体温可达40～41摄氏度，并伴有头晕、胸闷、口渴、恶心等症状，严重时人面色苍白，血压下降，脉搏细弱，甚至昏倒。中暑可分为先兆中暑、轻度中暑以及重度中暑,而在重度中暑中,又分为中暑高热、中暑衰竭、中暑痉挛以及"热射病",而一旦达到热射病的程度,就基本上无法救治了。

高温天气里,我们应该如何防中暑呢?请看专家的防暑建议——

防暑建议之一:吃好喝好。专家建议:首先要注意补充营养素,特别是补充足够的蛋白质;其次要补充维生素,多吃新鲜蔬菜和水果;第三,要补充水和无机盐,如水果、蔬菜、豆类或豆制品、海带、蛋类等,多吃西瓜、苦瓜、桃、乌梅、草莓、西红柿、黄瓜、绿豆等清热利湿的食物。另外,夏天喝粥也大有好处。

防暑建议之二:防晒降温。中暑的发生不仅和气温有关,还与湿度、风速、劳动强度、高温环境、曝晒时间、体质强弱、营养状况及水盐供给等情况有关,因此要注意防晒降温,特别是长时间在野外工作的人员。

防暑建议之三:及时喝水。烈日炎炎,人体特别容易口渴,需要随时喝水,如何喝水才科学呢?专家指出:一是饮水莫待口渴时,口渴时表明人体水分已失去平衡,细胞开始脱水,此时喝水为时已晚;二是大渴忌过饮,这样喝水会使胃难以适应,造成不良后果;三是餐前和用餐时不宜喝水,因为这样会冲淡消化液,不利于食物的消化吸收,长期如此对身体不利;四是早晨起床时先喝一些水,可以补充一夜所消耗的水分,降低血液浓度,促进血液循环,维持体液的正常水平。

中暑急救五要诀

中暑了,怎么办?赶快急救呀!

可是急救也得掌握要诀。咱们先去看一个事例。

2009年6月25日上午,河北省魏县申村村东的一处砖窑厂,大烟囱冒着黑烟,工人们忙碌着,不停用手推车将刚刚烧好的砖块从砖窑里推出来。由于天气炎热,再加上砖窑里温度很高,工人们个个汗流浃背。

在忙碌的人群中,有一个姓刑的工人,他今年36岁,前不久才到砖窑厂打工。这天上午,干到快11点时,刑某突然感到身体很不舒服,于是对工友们说了一声"我出去一会儿",便歪歪斜斜地走回了休息用的小屋。

过了一会儿,刑某仍没有回来,一个工友到小屋里一看,发现刑某躺着。"你怎么了?"工友问。"身上不得劲,心口疼。"刑某勉强抬起手,指了指自己胸口。"你别动,我赶紧去叫人。"工友发现刑某情况不妙,赶紧去叫来了砖窑厂老板。可是老板也不会急救,只能拨打急救电话。救护车到来后,工友们把邢某抬了上去,可是没走出多远,邢某便停止了呼吸。

据了解,邢某的身体一直都比较健康,他的死应该与高温作业有关:据气象台的资料显示,6月25日魏县的最高气温达到了43摄氏度，而邢某的工作地点在砖窑顶部，脚下是正在燃烧的煤炭，工作环境的温度应该比 43 摄氏度还要高不少。可能正是高温的工作环境，导致刑某因严重中暑而死去。

这起悲剧令人惋惜：如果当时身边的工友们懂得一点急救知识，及时给予救治，刑某有可能就不会失去宝贵的生命了！

同样的悲剧，还发生在一名叫周天向的工人身上。周天向是四川万源市石塘乡人，很早他便带着妻儿到福州市打工，后来又在福建仓山区的一处建筑工地工作。2009 年 7 月 21 日傍晚 7 点多，周天向去工地上工，一直干到 22 日中午。

吃过午饭，周天向仍不肯休息，又坚持干到下午 1 点左右。这时天气越来越热，太阳把地面烤得火烫，工棚内的温度接近 30 摄氏度。"我怎么感觉有点喘不过气来哩。"周天向对工友说。"可能是天气太热的缘故吧，要不，你去休息一下。"工友回答。"用不着休息，我再坚持坚持。"周天向又坚持工作了大约 40 分钟，这时他的身体越来越不舒服。"不行了，我得回去休息一下。"他说完准备离开工地时，突然"嘭"的一声倒在地上。

工友们急忙把周天向扶起来，不过大家都不知道如何急救，有人替他掐人中，有人替他掐虎口……忙碌了一阵后，眼见形势很不妙，工友们才赶紧拨打了急救电话，但是当医生赶来时，周天向已经不行了……

在这个事例中，如果工友们的急救知识稍稍专业一些，周天向可能还会有救。

专家指出，高温中暑常发人群一般为高温作业工人、夏季旅游者、家庭中的老年人、长期卧床不起的人、产妇和婴儿，尤其是在炎热天气下长期工作者最易中暑，重度中暑者死亡率可达到 80%。

专家告诉我们,若身边有人中暑,抢救患者的关键是速度,这时可采取以下急救方法:

第一,立即将病人移到通风、阴凉、干燥的地方,如走廊、树阴下。

第二,让病人仰卧,解开衣扣,脱去或松开衣服。如衣服被汗水湿透,应更换干衣服,同时打开电扇或空调,以尽快散热。

第三,尽快冷却体温,降至38摄氏度以下。具体做法:用凉湿毛巾冷敷头部、腋下以及腹股沟等处;用温水或酒精擦拭全身;冷水浸浴15至30分钟。

第四,可服用人丹和藿香正气水,意识清醒的病人或经过降温清醒的病人可饮服绿豆汤、淡盐水等解暑。

第五,对昏迷患者进行急救。急救时除口对口人工呼吸外,还可进行人工胸外心脏按压等心肺复苏操作,同时应迅速拨打急救电话。

「热浪逃生自救及防御」

冷静逃离公交车

高温天气里,汽车发生自燃的概率成倍增加,如果我们乘坐公交车出行,遭遇汽车自燃时要怎么逃生呢?

请先看下面这两个公交车逃生的事例。

2009年6月6日晚7时许,重庆主城区,一辆公交车载着乘客向朝天门方向驶去。当车经过五里店时,车厢中部的井盖下突然冒出青烟,随之,一股焦臭味扑鼻而来。"怎么回事?"就在乘客们困惑不解时,只见一团火苗从客车底盘下窜出来,险些将一位女乘客的裙子引燃。

"车起火了,快停车逃命!"坐在后排的乘客率先反应过来,他们一边叫喊,一边从座位上跳起,挤上狭窄的通道,一齐涌向车门。此时,车厢中部紧邻火源的乘客也惊慌地站起身来,一度与后排乘客拥堵在通道上,大家你挤我,我挤你,把车门堵得水泄不通,谁也没法下车。眼看形势危急,靠窗一侧的乘客甚至推开车窗探出单腿,准备直接跳下车去。

就在场面混乱至极的关头,驾驶座方向传来一声高喊:"莫慌,莫打挤,挨个走!"驾驶员的一句话使乘客们猛然清醒,大家冷静下来,按照先后次序,快速地从车门逃了出去。

类似的公交车自燃事件还发生在福州。2007年6月27日上午11时许,福州一辆公交车在行驶路上突然自燃,可司机没有察觉,继续开车前行。又行驶了三四百米后,后面的一部公交车加速赶上来,车上乘客不约而同向这边喊道:"快停车,快停车,后面冒烟了!"司机赶紧停车,只见公交车尾部已经冒起浓烟,火正往上蹿。"快下车,车着火了!"司机边喊边急忙打开车门疏散乘客。由于中门已经无法打开,车上几十名乘客蜂拥朝前门挤去。由于车门狭窄,大家你推我挤,乱成一团,有人甚至被挤得哭了起来。"不要挤,挨着次序一个个下。"乘客中有个中年男子大喊一声。在他的极力维持下,乘客们逐渐冷静下来,大家按照先后次序,快速逃离了公交车。

近年来,公交车自燃的事件时有发生,如何逃生成了人人关注的话题。专家指出,炎炎夏季是公交车起火事件的"旺季",公交车从起火到整车燃烧一般只有3~5分钟时间。遇到险情时,如果一旦慌乱,可能谁都无法逃出去,有时甚至会酿成踩踏悲剧。如2014年夏季的一天,某市一辆公交车在行驶过程中,尾部车厢突然冒烟。"车燃起来了,快跑啊!"车内一个女乘客马上尖叫起来。刹那间,车上的乘客全都恐慌了,大家争先恐后地往车厢前门涌去,有人摔倒了,后面的人随即从他身上踩了过去……事后,人们才知道这只是公交车的一个小意外,但在这次慌乱逃窜中,有几个乘客被踩伤了。

专家由此告诫我们:遭遇公交车自燃时,最为重要的一点是沉着冷静,千万不要惊慌,要避免拥挤,更要避免踩踏事件发生。

专家同时提醒，公交车起火时，烟雾和火焰会随着人的喊叫吸入呼吸道，从而导致严重的呼吸道和肺脏损伤，所以在火灾现场不要大喊大叫，应保持沉着冷静；为避免浓烟熏呛或窒息，可用毛巾、衣物等遮掩口鼻，或暂时屏住呼吸，减少烟气吸入。

砸碎车窗逃生

公共汽车燃烧起来时，如果车门无法打开，我们又该如何逃生呢？

2011年7月的一天，某省的一条县级公路上，一辆公共汽车载着数十名乘客向前行驶。

7月的太阳如火般炙烤着大地，路边的树叶都快晒焉了，连知了也不再鸣叫，一切都似乎笼罩在火炉里。

这是一辆空调车，由于天气太热，车上的冷气开得很足。在凉爽舒适的车厢环境中，车上的乘客们恹恹欲睡，大都进入了梦乡之中。在车厢中后部的一个靠窗位置上，坐着一个二十多岁的女孩，她的头仰靠在后面的座垫上，睡得正香。

一切都很平静，再过半个小时，这辆公共汽车就将抵达目的地。然而，就在这时，车厢后面突然有人惊叫起来："车里怎么有股焦糊味？"

这一声如晴空霹雳，把车上所有人都惊醒了。"是呀，车上确实有股煳味！"大家顿时紧张起来，有人高喊司机停车，有人则从座位上站起来准备逃跑。

司机也嗅到了气味，他刚把车在路边停下来，车厢后部便着火了。"糟糕！"司机暗叫一声，他立即启动车门按钮，准备打开车门让大家下车。可是，这时车门已经打不开了。

"救命呀，快把车门打开……"车厢里顿时乱成一团。

"车门已经打不开了，赶紧砸窗吧！"司机从座位上跳起来，准备去帮助砸后面的车窗，然而乘客们把通道堵死了，他根本走不过去。

在车厢后部，乘客们急得团团转，大家都去找车上的安全小锤砸窗，然而情急之下，谁也没找到小锤。

"快砸啊！"有人抡起皮包，有人挥舞拳头，把玻璃敲得"嘭嘭"乱响，然而车窗纹丝不动。

那个坐在靠窗位置的女孩也在拼命砸窗，她先是用拳头砸，接着又用手里的皮包砸，最后，情急之下，她把脚上穿的高跟鞋脱下来，用鞋跟拼命乱砸。

"快，把鞋给我！"旁边的男乘客从女孩手中抢过高跟鞋，照准车窗边沿，使劲猛砸起来。

"哗啦"一声，车窗玻璃竟然被一下砸碎了。几乎与此同时，车厢前面的乘客和司机也合力砸破了一扇车窗。

大家快速从破碎的车窗里爬了出去，当最后一名乘客逃出时，车厢里已经燃起了大火，短短几分钟时间，这辆大巴车便烧得只剩下了一个空框架。

好险啊！如果不是女孩的高跟鞋把后面车窗砸破，光靠前面一扇车窗根本疏散不了这么多乘客！

上面讲的这个事例比较特殊，你可能会问：危急时刻，高跟鞋真的能救命吗？

专家告诉我们，如果汽车发生自燃，车门打不开时，最好的办法就是砸破车窗玻璃，此时应取下车上的逃生锤，照着贴有"紧急时敲碎车窗玻璃"标志的位置猛砸，几下就能将车玻璃砸碎。但是，如果身边没有逃生锤时，可用随身携带的坚硬物体敲击玻璃四个角逃生，比如女乘客的高跟鞋、皮带等都可以作为逃生的工具。

当然了，现在我们乘坐的公交车，都配备有多把逃生锤，有的还配有自动爆玻器。逃生锤一般为红色，大多放置在公交车的侧壁。车内发生火灾时，我们只需取下小锤子敲击玻璃窗的四个角即可。

最后，让我们一起记住这四句话：发现火情莫惊慌，锤敲四角破车窗，老幼病残优先行，安全逃生牢记心。

森林逆风逃生

前面我们讲过，盛夏的高温热浪，是制造森林火灾的罪魁祸首。

当森林大面积着火燃烧时，我们怎么逃生呢？

2010年夏季，一场罕见的高温和干旱天气席卷了俄罗斯。在滚滚热浪影响下，俄罗斯西部地区发生多起森林火灾，很多泥炭和森林化为乌有。凶猛的大火造成400多人葬身火海，2000多人无家可归。

在这场恐怖的大火灾里,有不少人死里逃生,其中便包括一名叫伊万诺夫的新闻工作者。

伊万诺夫这年 38 岁,是莫斯科一家电视台的记者。2010 年 7 月的一天,他被电视台派往俄罗斯中西部地区采访日益严重的旱情。与他一同前往的,还有一名摄像师和一名负责后勤的工作人员。

伊万诺夫他们到达采访地点后,当地正在经历最为艰难的时刻:高温热浪笼罩着整个大地,庄稼几近枯萎,河水几乎断流,而森林也失去了葱郁的绿色,大片大片的树林被高温摧残,许多树木已经干枯死亡,到处是一派枯黄、苍凉的景象。

在采访了灾区的居民们后,7 月 30 日这天,伊万诺夫和两名同事进入了一片半山腰的森林,准备用镜头记录下森林受灾的情况。他们一边拍摄,一边前进,不知不觉走进了森林深处。拍摄工作进行得很顺利,下午时分,他们已经完成了大部分拍摄任务。就在大家准备返回时,他们所在的这片森林突然着火了。

浓烟弥漫了整片森林,他们很快迷失了方向。火势来得十分猛烈,没过多长时间,伊万诺夫便惊讶地发现:他们的四面八方都出现了着火点,根本不知道该往哪里逃。

"咱们怎么办?"摄像师刚才还在镇静地拍摄火情,这时也忍不住慌乱起来。

"赶紧向外求救！"伊万诺夫掏出手机报警，然而电话接通后，他却无法说明具体位置，警察也就表示无能为力。

大火熊熊，像一条条火蛇吞噬着树林，更要命的是，此时森林里刮起了又干又燥的热风。在干热风的助阵下，大火变得越发疯狂。

火焰就在不远处的地方萦绕，"噼里啪啦"的燃烧声不绝于耳，不时有大树被烧断倒下，黑色的烟灰四处飞扬，景象令人触目惊心……包围圈越缩越小，如果再不逃走，四面的大火围拢后，他们瞬间就会被烧成一堆焦炭。

"咱们该朝哪里跑呀？"摄像师和另一名工作人员惊慌失措。

"应该朝那个方向！"伊万诺夫冷静地判断了一下形势后，指着一处火势很旺的地方说，"那里是逆风的方向，只有从那里穿过去，快速跑下山，才有可能躲过大火的包围。"

"好吧，只有如此了。"摄像师和工作人员不得不同意了，他们与伊万诺夫一起，把剩下的饮用水浇在衣服上，然后用湿衣服包住脑袋，不顾一切地往火场冲去。

穿越火场的那一刻，他们的呼吸几乎停止了，而身上的皮肤也似乎马上就要迸裂。每个人都感到了死神的威胁，不过大家都坚持着。幸运的是，他们冲出了大火包围圈，并在山下得到了救助。

"如果不是跑对方向，我们可能就会葬身于火海之中了。"事后，伊万诺夫他们心有余悸地告诉电视台的同事。

伊万诺夫他们的逃生经历告诉我们，在森林中遭遇火灾时，首先要尽力保持镇静，就地取材，用沾湿的毛巾或衣服遮住口鼻，以防止高温、浓烟和一氧化碳侵袭；其次，要密切关注风向变化，并根据火势大小、火苗燃烧的方向，选择逆风的方向逃走，切不可顺风逃生；第三，如果被大火包围在半山腰时，要快速向山下跑，切忌往山上跑。

溪水里保命

森林大火扑来时，如果来不及逃跑咋办？

专家告诉我们，一旦大火扑来，你若无法判断风向，也不能及时逃出大火包围圈，那就只能在原地想办法保命了。

应该怎么做呢？咱们先来说说第一种方法。

还是来看一个实例吧。2015年8月下旬，在高温热浪的持续影响下，美国华盛顿州多处发生山林大火，山火过后，很多地方一片焦黑，全无生机。在这场令人恐怖的山林大火中，华盛顿州一对夫妻侥幸死里逃生。

山林大火是从凌晨开始燃烧起来的。当时这对夫妻正在一处山林空地中露营，呛人的烟雾和大火燃烧的声音把他们惊醒后，两人迅速钻出帐篷，发现四处的山林都燃烧了起来。跑已经来不及了，而且此时也不知道往哪儿跑。怎么办？妻子惊慌失措，吓得几乎哭了起来。幸好丈夫还算冷静，他仔细地观察了周围的地形后，很快做出了决定：点燃空地上的杂草！

"什么，你要点燃这些草？"妻子几乎不敢相信自己的耳朵，难道他还嫌林火不够大吗？

"把这些杂草提前烧掉后，咱们才有希望躲过这场大火。"丈夫解释，"你瞧，这块空地面积挺大，只要大火不蔓延过来，咱们在空地中央就是安全的。"

"噢，我知道啦！"妻子马上明白过来。两人分头行事，立即点燃了面前的杂草。大火很快在他们面前燃烧了起来。两人躲闪着熊熊火焰，不一会儿，周围的草烧光了，呈现在他们面前的是一个焦黑的圆圈。而这时山林大火已从四面八方围了过来，两人趴在空地中间，用浸湿的衣服紧紧捂住口鼻，承受着烈焰和高温的炙烤……周围的山林烧光后，他们赶紧从地上爬起，拼命向山下逃去。

这对夫妻获救的事实告诉我们，当你被森林大火包围无法逃出时，如果时间允许，可以主动点火烧掉周围的可燃物——烧出一片空地后，你可以卧倒在地躲避烟雾和林火，只要空地面积足够大，你就有逃生的可能性。

下面，咱们再来说说被林火包围的第二种逃生方法。

2009年2月初，在连续多日的高温天气影响下，澳大利亚的维多利亚州发生了一场大型山火，大面积的农田和森林被摧毁，200多人死于火灾，1万多人无家可归。

这场山火来势凶猛。大火袭来时，当地居民纷纷逃离家园，对很多人来说，生死就是一念之间，尤其是对一个叫索尼娅的居民更是如此。2月8日凌晨，索尼娅一家接到朋友电话，警告火势可能蔓延到她家住所附近。为了躲避大火，索尼娅和家人赶紧把少量东西带上轿车，这时大火已经迅速逼近，前行道路被火焰封死，没办法，他们只能返回到一处老旧的砖瓦房躲避。但很快，大火将他们包围了起来。不一会儿，砖瓦房的大门着火了，一家人不得不离开屋子。当时，索尼娅以为自己必死无疑了。

就在万分绝望的时候，索尼娅发现了一条小溪。"快进来！"她大声喊道。家人赶紧跟着她跳进溪水里蹲坐下来，同时将一条浸湿的毯子盖在头顶。"这是条浅的小溪，但有足够的水和空间。当火焰袭来时，我们头盖毯子坐在泥浆中，侥幸逃过了大火的袭击。"索尼娅事后说。当火势渐渐消停，他们走出小溪时，发现眼前大约20座房屋只有3到4座没有倒下。

如果没有这条小溪，索尼娅一家根本不可能逃生！

这个事例告诉我们,当你被森林大火包围时,如果附近有溪水或池塘,就要毫不犹豫地跳入其中,因为这样才是保命的关键。

全力自救不放弃

盛夏高温天气条件下,工厂也会发生意想不到的危险,下面,咱们去看一起惊心动魄的工人逃生事例。

迈克尔是欧洲某国一家柏油厂的员工,他的工作主要是制造用于铺筑路面的柏油。

2012年8月,正是当地高温横行的酷暑季节,许多工厂都放假了,不过,迈克尔所在的柏油厂因为承接了一项大合同,他不得不每天冒着酷热去工厂上班。

这天上午,迈克尔开着自己的小货车赶到工厂,匆匆地和大伙一起喝了杯咖啡后,便开始了一天紧张的工作。车间里静悄悄的,工友们都在外面忙碌。一走进里面,如火般的高温便扑面而来。尽管车间里有降温设施,但由于天气太热,再加上大锅炉散发的热量,所以里面如蒸笼一般。

迈克尔今天要干的第一件事,是爬上柏油熔炉去换一根通风管。熔炉距离地面大约有 15 米高,当他登上锅炉时,感觉炉子里的热量正透过胶鞋不断地传上来。在三十多度的高温蒸腾下,他身上的汗水如泉水般狂涌出来。

"嘶嘶——",正当迈克尔全神贯注工作时,耳边突然传来一种尖锐的声音,他四处张望,发现熔炉中间的一个呼吸阀出现了问题。糟糕,熔炉里的气压正在上升!迈克尔大吃一惊。紧接着,他又听到炉罐里传来"隆隆"响声,整个炉罐开始震动起来,看上去随时都会崩塌。

炉罐要爆炸了,我必须马上下去!迈克尔心惊胆颤。这时炉罐的顶部已经开始出现裂缝,柏油正从里面源源不断地冒出来。迈克尔一咬牙,从熔炉顶上直接跳了下来。刚一着地,他就感到膝部传来一阵钻心的疼痛。他想站起来,但刚一起身就疼得摔倒在地。此时滚烫的柏油已经淌了一地,迈克尔摔倒下去后,正好倒在了柏油当中。

滚烫的柏油很快烧穿了迈克尔的短袖汗衫和工作裤,他浑身剧痛,背上被烫起了大水泡,脸上也被烧伤了。求生的欲望驱使他挣扎着站起来,可没迈出两步,就听一声闷响,一股热浪从身后冲过来。他回头一看,整炉的柏油都被巨大的气压冲了出来。来不及有所反应,迈克尔便被柏油的浪流冲倒,向外摔出好几米。很快,他的身上裹上了足足有半寸厚的柏油,连耳朵、嘴和鼻子里都灌满了黏滞的油泥。

炽热的柏油炙烤着肌肤,而此时车间里空无一人。迈克尔想喊,但嘴里灌满柏油发不出声音,他心里清楚,如果没有水降温,他很快就会因高温窒息而亡。"水!"他突然想起一年前和工友们在离车间不远的坡下挖了个池塘,这或许是自己生存的唯一希望。

虽然膝部伤得不轻,稍动动就能听见骨头吱吱嘎嘎地作响,迈克尔还是艰难地站起来,努力向池塘挪去。地上的柏油开始冷却,变得黏稠而更难行走。不过,他一直没有放弃。"我一定可以的。"他一边为自己鼓劲,一边拼尽全力向前挪动。

挪出车间,挪出大门,他一点一点地向那口救命的池塘挪去。在扑进水里的一刹那,迈克尔几乎快哭出来了。清凉的池水很快使他身上的柏油冷却下来,这时工友们也赶来了,大家迅速把他送到医院救治,迈克尔终于从鬼门关上捡回了生命!

迈克尔获救的事例告诉我们,高温天气里,在车间等相对封闭的地方工作时,一定要谨防意外事故发生,尤其是在进行危险操作时更要特别小心;如果不幸遭遇意外,千万不要放弃生的希望,要在积极向外求救的同时,努力开展自救。

专家还告诉我们,如果在高温天气里不幸大面积烫伤,最好的逃生方法就是像迈克尔一样跳入水中降温,或者用冷水浸洗,当然了,在降温的同时,千万别忘了拨打急救电话。

「热浪逃生自救及防御」

远离火灾

前面咱们介绍了一系列的逃生知识，现在来说说盛夏还须注意的一些事情。

先要说到的是防火。每年盛夏都是火灾的高发期，在高温热浪的笼罩下，"火神"总会不请自来，给人类造成不可挽回的损失。

夏天火灾的一大诱因，便是用电。

2013年7月30日下午3时许，广西平乐县林业管理所2楼的一间办公室突然冒出浓烟，红红的火苗在浓烟中闪烁，看上去令人心惊。"着火了，赶快报警！"有人大声疾呼。接警后，消防人员迅速赶到现场，只见着火的地方浓烟滚滚，火势猛烈。消防官兵立刻展开救援，根据现场环境同时设置两个水枪进行扑救。经过约20分钟的努力，大火被完全扑灭。事后，消防官兵经过勘察，认为此次火灾是由于持续高温天气，室内空调、电脑等电器设备使用时间较长，电线承载负荷过大而引起的。

盛夏季节,各地因为用电激增引发的火灾事故频频出现。如 2013 年 7 月下旬,杭州主城区在一周之内发生火灾 224 起,7 月 27 日,杭州消防不得不发布了夏季的首个"高温防火预警",提醒市民警惕身边的火灾隐患。

专家告诉我们,夏天气温越高,居民和单位用电量就会大大增加,由此引发的火灾也比较多,因此在夏季要增强安全防范意识,注意用电安全:一是不要超负荷用电,多个大功率电器尽量不要同时使用,空调、烤箱等应当使用专用线路。二是确保电器设备安全,任何情况下严禁使用铜、铁丝代替保险丝,电源插头、插座要安全可靠,已损坏的不能使用。三是不用湿手接触带电电器,也不能用湿布擦拭使用中的家用电器。四是电器不要"带病"使用。发现家用电器损坏,应请经过培训的专业人员进行修理,家用电器烧焦、冒烟、着火,必须立即断开电源,切不可用水或泡沫灭火器灭火。五是正确使用家电,家用淋浴器在洗澡时一定要保证不漏电。使用电熨斗、电吹风等电器时,人不要离开。

除了用电,化学品自燃也会导致火灾事故发生。

2007 年 6 月 2 日中午 12 时,广州花都新华一家漂染厂的仓库内突然冒起黑烟。工人赶到仓库内查看,发现是存放的保险粉在燃烧。保险粉是一种比较温和的还原剂,用于纺织工业中的染色和漂白工作,遇水稀释后容易自燃,情况严重的甚至会引发爆炸。大家赶紧用水灭火,但火势非但没有得到控制,反而越来越猛烈。很短时间内,烟雾便弥漫了整个厂区,其中夹杂着一股难闻的化学气味,让人们感到胸闷、头晕,一时间无法正常工作。接到报警后,3 辆消防车呼啸着赶到现场,开始用干粉灭火,火势逐渐得到控制。下午 5 时 30 分许,仓库内的大火得以扑灭。事后分析,大家认为这起火灾是高温天气导致仓库内化学品发生自燃而引起的。

专家指出,物质自燃引发的火灾不可忽视。自燃物质除稻草、煤堆、棉垛外，还有油质纤维、废旧塑料、硝酸铵化肥、鱼粉、农产品等，此外，生石灰、无水氧化铝、过氧化碱、氯磺酸等忌水性物质，在遇到水或空气中的潮气后会释放出大量可燃气体，并与空气混合成爆炸性混合物。因此，在夏天应好好保管这些物质，警惕它们自燃引发火灾，一旦发现苗头要立即消灭，若不能控制火势时，要迅速报警。附近的住户和居民在火势失控的情况下，应迅速撤离到安全地区，以免危险品爆炸伤及自身。

专家还提醒：盛夏高温季节，使用液化石油气的单位和居民不要把气罐放在太阳下暴晒，应放置在阴凉干燥处保存使用。

正确使用空调

高温热浪笼罩下，有人因节约电费、不开空调而热死，而有人却因贪图凉快、长时间开空调而患病。盛夏季节，我们该如何使用空调、电风扇等降温工具呢？

2013年8月19日下午2点55分左右，日本大阪警方接到一座公寓管理人打来的电话："我们这里5楼一户人家发出了异样臭味，希望您们能来看看这户人家是否安好。"接到电话后，警察迅速赶到了该市北区的一座豪华公寓，在公寓管理人员的带领下，警察打开门锁进入房内。在装饰豪华的室内，他们发现了两具80多岁的老妇尸体，其中一具尸体倒卧在房间的窗户边，另一具则坐在椅子上，看上去令人触目惊心。

通过了解，警察得悉这两名老妇的年纪分别为81岁和87岁，她们是从9年前搬进这座豪华公寓的。从公寓的监控录像中可以看到：8

月11日上午,两人一起外出,后来又一起回家,但从8月13日开始,她们便再也没有外出过,而门口的报箱里也开始积压报纸。警察仔细检查后,发现厨房附近的窗户开着,室内装有空调,但是插头被拔掉了;两人身上均无外伤,可以排除他杀的可能性。通过判断,警察认为她们是因为未开空调,被高温天气热死的。

这起事件在日本国内外引起了很大影响,不过,这只是冰山一角。据东京都监察医院的调查结果显示,2013年夏季,日本各地出现异常高温,从7月6日至8月13日的39天时间里,仅东京都就有78人因中暑而死亡,其中83%为65岁以上的老年人。室内死亡人数占到全体死亡人数的88%,而死亡的原因,几乎都是因为没有使用空调。

在中国,也有舍不得开空调或风扇而热出人命的悲剧发生。2007年8月7日上午,江西南昌市南池路桃竹魏村,有一名老汉死在了不足8平方米的出租房内。警方检查现场后,没有发现老汉身上有任何伤痕,初步认定是自然死亡。而据老汉家人介绍,老人有心脏病,不过身体一直不错,生活也很节俭,在房间睡觉一般都不开电扇。家人由此怀疑,老人可能是因为天热引发心脏病或者中暑而死亡的。

2013年7月底,杭州一位姓何的老人大热天不开空调,结果热出了热射病,家人赶紧把她送进医院。医生说,病人送来时已经多脏器功能衰竭,随时都有可能不治离世。据病人家属介绍,何大妈平时跟丈夫两个人在家,她觉得开空调太浪费,所以哪怕气温飙到了40.4摄氏度,她都没有开空调。连熬两天后,何大妈先是出现恶心、呕吐,然后意识不清。经诊断,她是重度中暑,也就是医学上说的热射病。

医生由此指出,不管对年轻人还是老年人,高温天开空调都是必要的,因为身体热到一定程度,必须要降低环境温度来进行调节。医生建议,清晨老年人可以到外面走走,等到中午再开空调,空调温度最好控制在26~28摄氏度,下午4点以后再开窗通通风。还有一点需要特别注意,不要频繁进出空调房间,走进空调房间时应先把身上的汗擦干。

不开空调有可能会被热死,而长时间开空调却有可能会患空调病。

什么是空调病呢?空调病指长时间在空调环境下工作学习的人,因空气不流通,环境得不到改善,会出现鼻塞、头昏、打喷嚏、耳鸣、乏力、记忆力减退等症状,以及一些皮肤过敏的症状,如皮肤发紧发干、易过敏、皮肤变差等,这类现象在现代医学上也称之为"空调综合征"。

那怎么预防空调病呢?专家指出,预防空调病要经常开窗换气,空调最好在开机1~3小时后关机,要多利用自然风降低室内温度;室温最好固定在25~27摄氏度左右,室内外温差不要超过7摄氏度;有空调的房间应注意保持清洁卫生,最好每半个月清洗一次空调过滤网;办公桌不要安排在冷风直吹处,若长时间坐着办公,应适当增添衣服,在膝部覆毛巾加以保护;下班回家后,先洗个温水澡,自行按摩一番,再适当加以锻炼,增强自身抵抗力。

下河游泳要小心

"扑通,扑通",河边传来戏水的声音,原来是一群人在游泳。

高温热浪笼罩下,河边和池塘成了消暑清凉的一大选择,不过,下河游泳你可得小心哟!

2012年5月4日,重庆市巴南区烈日高悬,天气十分闷热。下午

3点多,该区珞璜镇长合村小学四年级的学生刘韦、王飞和吴洪,邀同学蒋永一起去珞璜电厂门前的河中游泳。来到河边,刘韦、王飞和吴洪先后下了水,蒋永是女生,她看见水流有点急,没有跟着下水:"你们去游吧,我就不下去了。"

在河边浅水区游了一会儿后,刘韦等3人的胆子渐渐大了起来,他们开始往深水区游去。蒋永一个人在河边玩耍,突然之间,她看见王飞游着游着,脑袋忽上忽下,似乎呛了水,于是大声喊叫起来,要王飞用力划,可是没过多久,王飞便沉了下去。看见王飞沉下去后,刘韦和吴洪十分害怕。他们一起努力,试图向浅水区游去,但是游着游着,两人也沉了下去。看到此情此景,在岸上的蒋永吓得哭了起来。当时,在他们游泳的小河附近,停靠着一艘渔船,蒋永的哭声惊动了船上的人,一位姓汤的男子立即赶来跳入水中,随后,警方和相关部门也赶到现场施救,但王飞、吴洪和刘韦3人还是因抢救无效而死亡。

夏天私自下河游泳,即使年龄稍大的学生也可能会遭遇不测。2013年7月24日下午,在江苏南通市如皋石庄思江村,3名16岁的中学生相约到一条小河里游泳消暑。这条小河其实是个取土坑,水挺干净,看起来也不是很深的样子,3人就大着胆下去了。可是越往中间游,一名叫小黄的同学越觉得不对劲。"这水怎么越来越深?"他对身边的同学小石说,"咱们赶紧上去吧!""可是张凯怎么不见了?"小石看了看四周,发现同学张凯不见了。"张凯,你在哪里?快出来啊!"两人沿着河边找了十多分钟,然而始终没有张凯的影子,小黄赶紧拿起手机报了警。接到报警电话后,派出所的民警立即赶到现场,并调来一艘小船，几位村干部和村民也自发地赶来，帮忙下河搜寻。最后，人们在河中打捞起了张凯，然而他已经永远停止了呼吸。

专家指出，每年夏天都是游泳溺亡事件的高发期，特别是此时正值学校放暑假，学生私自下河游泳存在很大危险。专家由此提醒我们：盛夏高温期间，下河游泳须特别谨慎，成年人饮酒后或者身体不适时千万不要游泳，以免发生意外；小孩应尽量避免在江、河、湖、海等自然水域游泳，如果要在这些地方游泳，则必须有大人陪同，千万不可单独去。

专家还告诉我们，夏天在外面游泳，一定要注意保护好皮肤，上午10时至下午4时是一天中紫外线最强烈的时候，可选择涂抹防晒指数在30以上的防晒霜，并且每两个小时重擦一次。另外，每次游泳两小时，要对身体进行冲洗和休息，避免引起细菌感染、病毒感染和传染性疾病。此外，在露天河塘里游泳，要选择水质好的地方，并须注意防止蚊虫叮咬。游泳完之后，要对头发、腋下等部位进行重点清洗。

勿进喷水池

烈日炙烤下，城市的大街小巷仿佛笼罩在蒸笼中，一股股热浪扑面而来，令人心烦意乱。

唯一让人感到几分清凉的，是广场上的喷水池：白亮亮的水花喷射到空中，天女散花般纷纷扬扬飘洒而下，水雾四溅，给四周灼热的空气带来了丝丝凉意。

酷热难当之下，不少人打起了喷水池的主意：有的坐到池边感受水花带来的清凉,有的把手和脚伸进池水里洗濯,还有的干脆跳进了池子里……不过,喷水池虽然能带来暂时的凉快,但却隐藏着极大的危险。

2007年5月20日晚,上海市聚丰园路弘基文化休闲广场上,天气十分炎热,一男一女两个年轻人从广场旁边的一家餐厅吃饭出来后,坐在广场中央的喷水池边聊天。

这两人是来自韩国的留学生,目前正在上海某高校进修。

"这天真热呀!"聊了一会儿,女青年擦了擦额头的汗水,她把手伸进池内,准备去撩拨清凉的池水。

"啊——"刚刚接触到水面,她突然大叫一声倒进了池内。

"你怎么啦?"男青年急忙伸手去拉,可是他一接触到池水,也跟着掉了进去。

旁边的群众见状,连忙将两人救了出来,同时拨打了急救电话。两人被救出来时已浑身抽搐,口吐白沫,救护人员赶到后已无力回天。

这两个年轻人是溺亡吗?可是喷水池水深不超过成人膝盖,他们不可能被这点池水淹死。据分析,他们死亡的原因很可能是触电:事发时,喷水池内的景观灯处于通电状态,因为漏电导致池水带电,所以导致了他们身亡。

近年来,由于触电而被喷水池夺去生命的事例还有不少。

2013年8月29日下午3点多,河北省鹿泉市上庄镇新新家园小区,一个叫小贝的12岁男孩正在小区门口玩耍。小贝一家来自河南,现在在该小区租住。这天的天气很热,小贝之前在家里做暑假作业,做了一会儿后,他给母亲打了个招呼,说要出去找同学玩一会儿。可是出了家门,面对明晃晃的阳光,他又有些迟疑了。在小区门口独自玩了一会儿,小贝很快便一身汗水。要是能洗洗澡多好啊!他这么想着,突然看见附近有一个喷水池,于是便匆匆走了过去。

那是一个有着鲤鱼雕塑的喷水池,池水正源源不断地从"鲤鱼"

嘴里喷吐出来，纷纷扬扬地洒落在圆形的水池里，看上去十分清凉。小贝快步走过去，刚一跨进池子，突然双脚一软，"扑通"一声倒在了池内。当时有个老太太正好从喷水池边经过，看见小贝躺在水里人事不省，于是赶紧大声呼救。警察赶来后，将小贝救起送往医院，不过，医生最终没能挽回他的生命。

2014年7月的一天，广州市拱北口岸广场的喷水池内也发生过一起悲剧：一个二十多岁的男子因为天气太热，到喷水池内洗脚时，突然浑身颤抖倒了下去。周围的人赶来救援时，因为水池带电，谁也不敢下水，于是只能逐级上报，等将电源切断，利用水管将男子拖至靠岸边捞起并急救时，他已经没有了生命体征。

以上这些事例警示我们，夏天高温热浪袭来时，即使户外再怎么炎热，再怎么不能忍受，也不要轻易接触喷水池的水，更不要进入喷水池内戏水或游泳。

远离喷水池，拒绝触电！

别靠近动物

高温天气里,不但人的情绪会十分烦躁,动物们也会焦躁不安,一些平时乖巧温顺的动物此时可能会露出凶相,做出伤人的行为。

2012年7月的一天上午,小明在同学家玩耍。同学家养了一只波斯猫,长得十分可爱,而且温顺可人,谁逗它也不会生气。不过,这天小明在逗它玩时,波斯猫显得很不耐烦,它先是警告了两声,但小明并没引起警惕,他一边和同学说话,一边继续抚摸它长长的毛发。突然,小明感到手臂一阵刺疼,低头一看,手被猫爪抓了两道长长的血痕,很快,殷红的血液流了出来,看上去触目惊心。

同学连忙带小明到医院治疗。在医院里,他们发现了不少前来就诊的病人,这些人与小明的伤情一样,都是被动物咬伤或抓伤。医生告诉他们,在这个季节要避免与动物有过多接触,不要主动逗弄小动物,以免惹祸上身。

在盛夏高温天气里,与人类特别亲近的动物——狗有时也会翻脸不认人。2013年8月初,在山东省青岛市黄岛区大场镇,一村民家养的一只黄狗突然变得十分暴躁,它在村中到处乱窜,并且咬伤了一个小男孩。第二天下午,黄狗依然不肯平静下来,它在村里四处游走,见人就想扑咬。为了避免它再次伤人,主人不得不拨打了报警电话。警察赶到后,见主人家的院子里一片狼藉,到处都是被狗咬烂挠碎的东西。大家搜寻一番,发现黄狗藏在猪圈旁的鸡窝里喘粗气。正当警察拿着木棍上前准备按住它时,它不但不怕,反而扑过来张嘴就咬,幸好警察灵巧躲了过去。几分钟后,大伙将疯狗打死,并联系了村支部书记,找来防疫人员将疯狗做了消毒处理,然后深挖掩埋。据大家分析,这只狗过去很温顺,它之所以发疯,可能是因为近期的高温天气。

高温天气里,动物园的动物们也会变成"危险分子"。2010年夏季的一天,在欧洲某国的一个动物园内,有个小男孩在逗猴子玩时,由于离猴笼太近,被突然发怒的猴子抓伤。据统计,伤人的不只是猴子,一些平时温顺的动物们在高温天气下也不期而怒,此时若有人逗弄它们,很可能会招来灾祸。

专家告诉我们,夏季天气炎热,致使动物也与人类一样,容易出现性情狂躁,攻击性大大增强,极易伤人,同时,夏天人们衣服穿得少,皮肤裸露的面积比较大,因此也很容易被咬伤或抓伤。

那么,夏天该如何与动物相处呢?对人类喂养的宠物而言,虽然平常它们比较温顺,但在炎热的天气里,也应和它们保持一定距离。和狗、猫打交道,要避免做任何突然性动作,因为即使是出于善意,也会使它们感觉受到威胁。如果路上有狗朝你狂吠示威时,不要和它的目光直接接触,也不要急于后退或逃跑,因为一退一逃,动物会追上来,人反而更容易遭到攻击。此时可冷静地绕道而行,一旦情况紧急,要及时报警求助。上山劳作或去野外游玩,应穿好鞋袜,扎紧裤腿,不要随便在草丛和蛇可能栖息的场所坐卧;若被蛇追逐时,应向上坡跑，或忽左忽右地转弯跑，切勿直跑或向下坡跑。

珍爱生命，请和动物们保持适当距离！

预防热伤风

炎炎夏日，在热浪的侵袭下，各种各样的高温病纷至沓来，特别是一种叫热伤风的病更是令人头痛。

8月里的一天，小华一早起来，感觉头晕脑涨，身体很不舒服，妈妈拿体温计给他一量，好家伙，39摄氏度，发烧了！妈妈赶紧把小华送到医院。只见医院里看病的人排成了长队，不少人症状都和小华差不多。经过诊断，医生说小华得的是"热伤风"，并开了一些药。小华回去按时服用，没两天病便好了。

热伤风，就是酷暑天得的感冒，中医称之为暑湿感冒。热伤风多发生于夏至以后，尤其是闷热潮湿的"桑拿天"。专家指出，一般患热伤风有两个方面的原因，第一个原因是内因，包括由于太热，消耗过大、天气热睡不好觉、嗓子疼吃不下饭、活动太少，以及受事物影响导致的生气上火等；第二个原因是外因，包括冲凉水、空调温度过低、睡觉不盖被子、长时间吹风扇等。患了热伤风的人，往往会出现发热、头痛、鼻塞流涕、咽喉红肿疼痛、咳嗽痰黄、口干舌燥等一系列症状。

如何预防热伤风呢？专家告诉我们，预防热伤风，日常生活习惯是关键：首先，空调温度设定不要太低，建议房间内使用空调时，温度设定要适宜，室内外温差以不超过7摄氏度为宜，睡眠时还应再高1～2摄氏度，同时应该减少待在空调房间里的时间，适当在外面走走，加强耐热锻炼；其次，饮食应以清淡口味为主，避免过食生冷和油腻辛辣的食物,可以多吃一些苦味食物,如苦瓜、苦菜、草头、百合、马兰、莴笋、黄花菜、慈姑,这些食物味淡而微苦,既清心除烦,健脾祛湿,又增进食欲;第三,保证充足睡眠,最好中午小憩一会儿,以利消除疲劳,焕发精神,在适当休息后还应配合适量的运动;第四,保持良好心情,炎热的暑气最易扰乱心神,而经常失眠、发怒的人容易引起免疫功能下降,所以,应保持良好的心情和豁达的心胸,从而在一定程度上起到预防热伤风的功效。

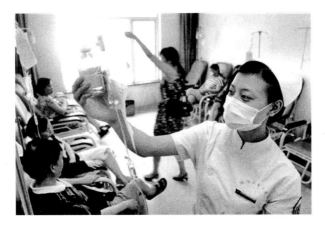

在远离热伤风的同时,我们还得预防皮肤病。

据医生介绍,夏天皮肤科门诊中最常见的是过敏性皮炎患者,因为夏天天气闷热,人体排汗不畅,所以容易导致皮肤过敏症,特别是10岁以下的儿童,容易患丘疹样荨麻疹、湿疹、接触性皮炎等,这是由于儿童对高温高湿天气的适应能力差,加上蚊虫叮咬、花粉、粉尘过敏等容易引起。要预防过敏性皮炎,就应注意尽量避免上午10时到下午3时的日晒,若需较长时间暴露于日光下时,要尽量穿长袖衣裤,戴遮阳帽或打遮阳伞,外出应涂防晒霜。另外,要增加皮肤清洁次数,尽量保持皮肤干燥和清爽,穿宽松、吸汗的衣物,以防汗液增多。为避免霉菌滋生导致或加重感染,还可以给脖颈、腋窝、肘窝等部位扑痱子粉、爽身粉,症状严重者可以使用干燥收敛和抗真菌的药物。

此外,夏天还要谨防病从口入。在高温高湿环境下,人的肠胃功能减弱,此时如果过多进食凉食和冷饮,就会引发胃肠痉挛、吐泻或肠胃绞痛,因此不可暴饮暴食凉食或冷饮,以免患病;盛夏季节,细菌、病毒等微生物大量滋生,还极易使食物腐败变质,食用后会引起消化不良、急性胃肠炎、痢疾、腹泻等疾病,因此应避免食用腐败变质食物。

高温监测与预报

高温热浪如此可怕,那么人类有没有办法提前防御呢?

气象专家告诉我们,对付高温热浪天气,必须抓住"高温"这个"牛鼻子",下面,咱们就一起走进气象局,看气象人员是如何对付高温这个"牛鼻子"的。

先来见识一下高温的监测。气象工作人员每天观测的温度分为两种,一种是气温,它是指离地面1.5米高处的百叶箱温度。这个有严格的标准,比如百叶箱必须放置在观测场内,而且要有良好的通风条件等。百叶箱内一共有4支温度表,其中一支竖放的温度表叫干球温度表,它读取的数据就是当时的气温,另一支竖放的温度表根部缠有湿润纱布,叫作湿球温度表,这支表读取的温度和干球温度表的读数进行换算,就可以得出空气中的水汽压和相对湿度。另外两支横放的表,一支叫最低温度表,它的感应液体是酒精,酒精柱里有一根蓝色的标签,这根标签在气温下降时跟着下移,但气温上升时它却原地不动,因此,标签指示的刻度便是一天的最低温度。另一支横放的表当然就是最高温度表了,它的感应液体是水银。最高温度表的根部比较狭窄，当气温上升时，水银柱膨胀跟着上升，而当气温下降时，由于通道很窄，上去的水银自己不会掉下来，因此，水银柱代表的刻度便是一天中的最高气温了。

除了气温，地面温度（简称地温）也是每天必须观测的项目。观测场内专门有一块平整出来的长方形场地，里面不能长草，也不能有杂物，地面温度表、地面最低温度表和地面最高温度表便按次序排列在里面（有些还

排列有竖放的温度表，用来观测不同深度土壤下的温度），这些表的构造与气温表差不多，观测原理也相同。每天，气象工作人员要进行四次定时观测，将观测到的数据传输到上一级气象部门。

瞧，气象工作人员开始观测了，哇，不得了，今天下午2点的气温达到了37摄氏度，而地面温度更是高达51摄氏度，难怪天气这么炎热！气象工作人员还介绍说，现在的观测设备都实行了自动化，会自动把观测到的数据传输到电脑上。因此，市民随时可以通过网络查询温度，或者拨打天气预报咨询电话"96121"了解。在城镇和人口密集的农村，气象部门还建有电子显示屏，只要望一眼显示屏，气温、相对湿度、风向风速等便可一目了然。

接下来就是高温天气的预报了。气象工作人员将采集到的气温、湿度、风向风速等气象信息汇总后上报给气象预报专家，气象预报专家结合各地的气象信息进行综合分析。这其中，天气图、数值天气预报、卫星云图、雷达回波等都会派上用场。根据这些数据和信息，计算机会运算出一个参考数值，专家们最后集中"会诊"，并最终确定次日天气预报中最低温度与最高温度的具体数值。

当然了,与暴雨、台风等灾害性天气一样,气象专家的预报不可能达到百分之百准确,不过,天气预报对我们防御高温热浪仍具有重要的参谋作用,因此,每个人都应养成每天收看(收听)天气预报的好习惯噢。

人体舒适度指数

如果你经常收看电视中的天气预报,就会常听到气象播报员讲一个时髦的词语:人体舒适度指数。

什么是人体舒适度指数呢?要弄清这个概念,就得先了解什么是体感温度。

2013年7月的一天,北京某电视台的记者曾做了一个试验,他把一枚鸡蛋打开,将里面的蛋清和蛋黄倒在街边的一个井盖上,几分钟后,蛋清和蛋黄凝固,冒出了缕缕热气——在高温热浪的炙烤下,地上的井盖竟像烙铁一般,将生鸡蛋烤熟了!在杭州,也有人拿了一支酒精温度表去测街上的温度。他将温度表在街边路面上仅仅比画了一下,温度表的红色酒精柱很快便突破了极限值,它的上限是50摄氏度。这两个例子中,无论是记者还是市民测得的温度,都比气象局测的要高一些。不过,这并不奇怪,因为气象观测场一般在郊区,气象工作人员测量的是郊区的温度,而非市中心的温度，再加上气象观测温度表是放置在百叶箱内的，所以两者有较大的差别。

炎炎夏日，可能每个人都会有这样的感受：气象局实测的温度，与我们自身感觉的温度总有一些差异，气象局的温度一般都会比我们感觉的要低一些。实际上，这是一种正常现象。在气象科学上，气象温度与体感温度是两个不同的概念。体感温度，是指人们所感知的温度，它受到包括风、湿度、日照等气象要素的影响。为了消除这些气象要素带来的影响，气象部门于是推出了一个新的预报品种：人体舒适度指数。

人体舒适度指数，是为了从气象角度来评价在不同气候条件下人的舒适感，根据人类机体与大气环境之间的热交换而制订的生物气象指标。气象专家告诉我们，影响人体舒适程度的气象因素，首先是气温，其次是湿度，再其次就是风向风速等。人体舒适度指数，就是建立在气象要素预报的基础上，较好地反映多数人群身体感受的一个综合气象指标或参数，它可以帮助人们对大气环境有所了解，对人们及时采取措施预防疾病发生，减少因情绪而造成的工作、生活决策失误等具有积极意义。

人体舒适度指数预报，一般分为以下等级对外发布：

4级：人体感觉很热，极不适应，需注意防暑降温，以防中暑；

3级：人体感觉炎热，很不舒适，需注意防暑降温；

2级：人体感觉偏热，不舒适，可适当降温；

1级：人体感觉偏暖，较为舒适；

0级：人体感觉最为舒适，最可接受；

—1级：人体感觉略偏凉，较为舒适；

—2级：人体感觉较冷（清凉），不舒适，请注意保暖；

—3级：人体感觉很冷，很不舒适，需注意保暖防寒；

—4级：人体感觉寒冷，极不适应，需注意保暖防寒，防止冻伤。

从以上可以看出,当人体舒适度指数在2级以上时,我们就应做好降温防暑工作,特别是指数达到3级和4级时,更要特别小心。

发布高温预警

高温热浪天气来临,气象台除了发布常规天气预报外,还会根据高温的厉害程度发布高温预警,提醒社会公众注意做好降温防暑工作。

中国中央气象台将高温预警信号分为三级,分别以黄色、橙色、红色表示,颜色越深,表示高温的级别越高,其危害也越大。

高温黄色预警信号发布标准为:连续三天日最高气温在35℃以上。专家告诉我们,收到黄色预警信号后,有关部门和单位应按照职责做好防暑降温准备工作,社会公众午后要尽量减少户外活动,同时,要对老、弱、病、幼人群提供防暑降温指导,在高温条件下作业和白天需要长时间进行户外露天作业的人员,此时也应当采取必要的防护措施。

高温橙色预警信号发布的标准是:24小时内最高气温升至37℃以上。橙色预警信号表示高温还会加剧,所以有关部门和单位要按照职责落实防暑降温保障措施,人们要尽量避免在高温时段进行户外活动,高温条件下作业的人员应当缩短连续工作时间,同时,要对老、弱、病、幼人群提供防暑降温指导,并采取必要的防护措施。因为气温过高,有关部门和单位应当注意防范因用电量过高,以及电线、变压器等电力负载过大而引发火灾。

高温红色预警信号发布的标准是:24小时内最高气温升至40℃以上。这是高温预警的最高级别,收到这种预警信号后,有关部门和单位要按照职责采取防暑降温应急措施,除特殊行业外,户外露天作业的人们都要停止工作，对老、弱、病、幼人群要采取保护措施，同时，有关部门和单位要特别注意防火。

气象专家告诉我们，黄色、橙色和红色高温预警信号可以越级发布，如高温一下来得很猛，就可以从相应的级别发布，不过，一般情况下是依次递增发布的，也就是说，高温黄色预警信号发布后，如果最高气温还会往上升，那么就会发布高温橙色预警信号；高温橙色预警信号发布后，气温继续上升，就会发布高温红色预警信号。如2013年7月初开始，中国南方地区高温天气不断发展、势如猛虎，到7月下旬，江南大部、重庆等地35℃以上高温日数已达12~20天，湖南东部、浙江中北部达20天以上，武汉、南京、福州、合肥等省会城市气温均创下2013年新高。7月25日，中国中央气象台发布了高温黄色预警，仅仅过了一天，中央气象台便将黄色预警升级，发布了橙色预警信号。

除了中央气象台发布高温预警信号外，各省（区、市）气象台及市（州）气象台、县气象站也可以发布高温预警信号，而且各地可以根据当地的实际情况，制订不同的发布标准。如2010年7月29日，四川省气象台发布橙色高温预警信号指出："预计今天白天到明天白天，达州、南充、广安、巴中、宜宾、泸州、遂宁、内江、自贡、资阳 10 市的部分地方最高气温将达 36~38 摄氏度或以上。成都、广元、绵阳、德阳、眉山、乐山、雅安 7 市部分地方最高气温将达 34~36 摄氏度或以上。"很显然,这个标准是根据四川实际制订的。

不管是中央气象台还地方气象台发布的高温预警,我们都应高度重视,收看(收听)到预警消息后,务必提前做好防御高温的准备。

人工增雨退烧

天气真热,要是能下场雨多好!

瞧,那边气象人员正在开展人工增雨作业,一发又一发的火箭弹射向天空,不一会儿,天上真的下雨了。

人工增雨真的能让大地"退烧"吗?

1946 年,美国科学家雪佛尔等人发现,干冰和碘化银可以作为高效的冷云催化剂,增加云中的冰晶数量,进而增加雨滴的数量和直径,提高云降水的转化率。这一发现,开创了人工影响天气的新时代。从那时起至今,全世界已有 100 多个国家和地区先后开展过人工增雨试验。中国的人工增雨开始于 20 世纪 50 年代。1958 年,吉林省出现百年未遇的干旱,中国气象局、中国科学院、吉林省政府联合开展了首次飞机人工增雨的试验并获得成功。其后的数十年间,全国绝大多数省(区、市)陆续开展了人工影响天气工作。经过半个世纪的发展,中国的人工影响天气作业规模已达到世界第一。

目前,人工增雨最常用的三种方法是高射炮、火箭和飞机,下面,咱们就一一去看看这些"气象武器"是如何增雨的。

"轰轰轰……"工作人员在开展人工增雨作业。只见两个工作人员站在一门37高射炮上,一边瞄准天上的黑云,一边猛踩发射器。一发接一发的炮弹瞬间钻入云霄,过了很久,才听到空中传来沉闷的爆炸声。向天上打炮,老天就会下雨吗?原来,工作人员用的可不是一般的炮弹。这种炮弹里面装了一种叫碘化银的催化剂。炮弹一爆炸,碘化银便在空中像仙女散花一样,四散播撒开来。由于碘化银有结晶作用,会在云中不停吸引水汽,像裹雪球一样越长越大,当它们长大到一定程度,云的浮力托不住时,就会坠落到地面上,从而形成了降雨。

下面,咱们再去看看火箭增雨作业。

接到增雨任务后,气象工作人员立刻驾驶一辆敞篷汽车出发了。用于增雨的火箭发射架固定在车厢里,三枚近1米长的火箭弹已经装上了发射架。火箭弹的头是尖尖的,后面有螺旋桨式的尾翼,它的飞行高度比高射炮弹高得多,而且携带的催化剂也比炮弹多,因此,用火箭弹增雨的效果比高射炮更好。

汽车驶出城郊,在一个比较开阔的地方停了下来。"准备发射!"随着一声口令,操作人员迅速按下了发射按钮,只听"轰隆"一声巨响,烟雾弥漫,火箭弹拖着一道火光向天上飞去。紧接着,第二枚、第三枚火箭弹也腾空而起。过了差不多一分钟,空中才传来沉闷的爆炸声。火箭上天后不久,原来淅淅沥沥的雨突然大了起来。

飞机人工增雨作业,一般都是在晚上进行的。这是因为晚上云层稳定，天气条件更适合开展增雨作业。

增雨的飞机，一般都是小型机。在飞机的两扇机翼后端，各挂着一个架子，每个架子上都装满了碘化银，远远望去就像两个蜂巢式火箭发射筒。一切准备就绪后，在螺旋桨的轰鸣声中，飞机拔地而起，向着漆黑的夜空飞去。不一会儿，它便扎进厚厚的云层之中，这时四周一片白茫，舷窗外什么都看不到，只看到一缕缕的云丝从眼前飘过。开始进行增雨作业了，作业人员一按控制器上的按钮，安装在飞机两侧机翼下的碘化银开始自动撒播。那些碘化银就像一粒粒细微的"种子"飘散在云层之中，它们不停吸收云中的水汽和小云滴，不断使自己成长壮大，并最终形成雨水降落到地面上。

一般情况下，飞机增雨的范围可达数万平方千米，增雨的效果是高射炮和火箭弹远远不能相比的。

不过，气象专家也指出，利用人工增雨降温解暑，只有在具备降雨云层的条件下才能实现，如果没有这种云层，人类再怎么努力都不可能把雨"催"下来。因此，在高温热浪笼罩时，我们还是首先要依靠自身做好防御工作。

高温热浪逃生自救准则

下面，咱们一起来总结高温热浪逃生自救的准则。

首先，是关注高温前兆。一般情况下，天上出现火烧云、瓦块云、日晕等，都说明未来天气可能晴好；蝉大声鸣叫、鸡鸭早早归笼、燕子赶集、喜鹊枝头叫等现象，表明未来的天气可能会很热。此外，农历6月刮东风，"立夏"不下雨，"夏至"天晴好等，都预兆着当年的三伏天可能会很热。

第二，高温热浪袭来时，在运动场上要量力而行，千万别当"拼命三郎"，如果感觉身体不适，应立即停止运动；暑天跑步，应根据自己的体质尽量避免在烈日下进行；户外活动，要防晒防脱水，更要防中暑。

第三，当乘坐的公交车发生自燃时，要冷静从车门逃跑，或者砸碎车窗逃生。野外遭遇森林大火时，应选择逆风的方向逃走；若被林火困住，应提前烧出一片空地，如果时间来不及，则应立即跳入就近的池塘或溪水里保命。

第四，夏季高温天气下，下河游泳要当心，切勿进入喷水池里戏水；注意用电安全，避免火灾发生；正确使用空调，与动物们保持适当距离；养成良好生活习惯，远离热伤风和皮肤病的困扰。

第五，养成每天收看（收听）天气预报的习惯，气象台发布了高温预警后，要高度重视，提前做好防御准备。

热浪灾难警示

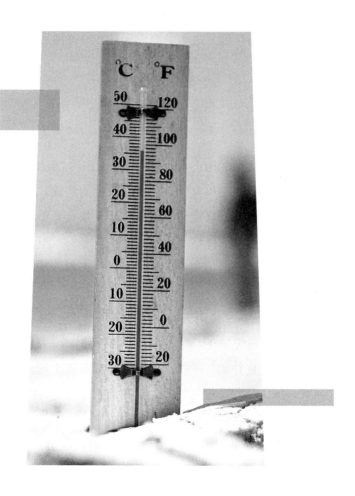

天府之国的梦魇

2006年夏天,热浪像挥之不去的可怕噩梦,一直笼罩着中国西南部的四川盆地,持续数月之久的高温天气,最终酿成了一场百年不遇的特大干旱。

焦渴的天府之国

四川盆地是中国的四大盆地之一,总面积约26万平方千米。打开中国地图,你会看到四川盆地像一颗淡蓝色的明珠,它镶嵌在巫山和横断山脉之间,长江、嘉陵江、岷江等几十条大大小小的河流穿行而过,仿佛是盆地生命的脉络。

四川盆地聚居了四川和重庆的绝大部分人口,这里土地肥沃,物产丰饶,被称为"天府之国"。因为常年多云雾、少日照,古人曾以"蜀犬吠日"来形容这里阴云连绵的天气。然而,2006年夏天,在持续的高温热浪天气笼罩下,"天府之国"变得焦渴异常。

从这一年入夏开始,重庆、四川便持续高温少雨,干旱在这一带地区肆意蔓延。两省(市)夏季的平均降水量仅为345.9毫米,是有气象记录以来的历史同期最小值。同时,重庆、四川盛夏(7~8月)的平均气温却创下同期之最,其中,重庆綦江县的最高气温高达44.5℃,为重庆有气象记录以来的最高气温。

在高温热浪的笼罩下,本该万物葱茏、生机蓬勃的四川盆地,绿色一点一点地消失,在旱情严重的地区,大地变成了可怕的枯黄色;水稻田完全干涸,裂缝越扯越大,稻秧一点火就能燃烧;玉米叶子全都卷了起来,变成了黄色;竹子和
树木成片成片地枯死,连一些长了几十年的老树也未能幸免。

缺水,成了村民的噩梦。人们不得不四处寻找可以喝的水源。据媒体报道,有位老婆婆每天走几千米山路,去河边背水。有天她在路上昏倒了,醒来后发现水全漏光,不由伤心得哭了起来;有个老汉在山崖上挖了个洞,用水瓢去接细得像丝线的水流,整整一个上午,老人只接了两半桶浑浊的泥水……这场持续数月的特大高温干旱,造成重庆、四川两地因旱出现饮水困难1887万人,农作物受旱面积320多万公顷,仅农业一项便直接造成经济损失150亿元人民币。

为了逃避灾难,农村的年轻人放弃田地的农活,纷纷外出打工。他们有的甚至远赴新疆等地,只求打工的收入能弥补一点大旱带来的损失。

热浪下的人们

烈日高悬,酷热无比。在高温笼罩下,四川、重庆广大地区的人们,经受了前所未有的热浪考验。

8月中旬的一天,一位姓董的重庆市民开车出去办事。这一天,重庆主城区的气温高达43摄氏度。因为天气太热,他将车上的空调开得很足。车在高速路上开了一会儿后,他觉得口渴,于是伸手拿过车前的一瓶矿泉水,刚只喝了一口,他便"呸"的一声全吐了出来——

瓶子里的水被阳光烤得像烧开了一般,烫得嘴唇生疼。他又将矿泉水边的一包巧克力威化饼干拿来一看,发现饼干上的巧克力全都化成了水。车到达目的地后,他走出汽车,热气立马将他裹住。他很快感到头发昏,脚底烫得生疼……

类似的场景在重庆和四川屡屡上演,不管白天还是晚上,人们都无法逃避高温热浪的包围——

一位吉林某大学毕业的小伙子,这年7月在成都找到了一份工作。然而,自从他到成都的第一天起,便没有睡过一个好觉。由于经济拮据,他租的房子较差,而且没有安装空调。不得已,他自己买了个小风扇,但是感觉风扇吹出来的风有些发烫。晚上,睡在用凉水擦过的凉席上,片刻之后,凉席便像烙铁烙在背上一样。

重庆和成都的老人们每天都生活在"水深火热"中。重庆一位年过八旬的老人,尽管家里的空调整天开着,但屋里的温度始终没下过35摄氏度。8月15日这天,他想冲个凉,可打开水龙头,自来水管流出的水竟然烫手。无可奈何之下,他只得往澡盆里加了些冰块,才勉强洗了个澡。

在建筑工地干活的农民工们,深夜才敢走进宿舍歇息,他们的床铺热得烫手,躺上去全身马上便湿透了,他们不得不起来往床铺上洒水,然后接着再睡。

……

酷热难耐之下,商场、办公室成了人们避暑的首选之地,而在重庆,防空洞也成了老城区居民避暑的最佳去处:白天,纳凉的市民坐在防空洞里,待太阳落山后,大家拿出凉席、竹榻,在防空洞外席地而坐,直到夜深才渐渐散去,而有的人干脆带着被褥,在防空洞里蒙头大睡。

「热浪灾难警示」

中暑者不计其数

持续的高温热浪，对人类和动物的健康都造成了严重影响。

在成都市的各大医院，自进入7月后病人便络绎不绝，许多人不是中暑，便是患了热伤风或肠道疾病。医生们忙得团团转，有的医护人员由于天气太热，加上疲劳过累，竟然也成了病人中的一员。在气温更高的重庆市，这种情况尤为严峻。据重庆一名媒体记者统计，截至8月中旬，仅重庆各媒体报道的死于中暑的人数，大约就有30人。入夏之后，重庆市急救中心出车率高出往年10%左右。8月15日，重庆市政府召开新闻发布会，市卫生局局长称，持续高温导致中暑人群急剧上升，8月14日，重庆有6000多人中暑。到了次日，中暑人数骤然升至1.4万人。

动物们也难耐高温的侵袭。8月16日，重庆巴南区李家沱一养鸡场，一天内有近万只鸡死亡。经兽医解剖，认定这些鸡都死于中暑。此外，牛、羊、猪等家畜的生存也受到了极大威胁，有的牲畜在高温下中暑死亡，而大部分牲畜由于农村出现饮水困难局面，它们的主人不得不忍痛将其低价卖掉或者杀掉……

这场特大高温干旱一直持续到当年的9月中旬，随着气温下降和降雨季节到来，川渝两地的人们才结束了梦魇一般的日子。这场灾难警示我们：在全球气候变暖的今天，气候宜人的地方也会遭受高温热浪的袭击，我们必须随时做好应对准备！

热浪肆虐欧罗巴

病人在呻吟、老人在叹息、游客在躲藏……2003年夏天,欧洲遭受有史以来最猛烈的高温天气袭击,大约有35000人在热浪中丧生。

欧洲开启高温模式

对北半球的人们来说,2003年是一个十分火热的年份,这年夏天,热浪席卷全球,而位于大西洋边缘的欧洲更是火热异常。

欧洲,也称作"欧罗巴洲",这片大陆素以天气温和见称,然而2003年,欧洲早早便开启了高温模式。进入6月后,南欧各国的气温纷纷上扬,一路飙升。到了盛夏8月,意大利气温比常年同期偏高6~10摄氏度,瑞士气温突破200年来最高,而热浪最严重的法国,高温也创下了150年来的极值。

高温热浪肆虐下的欧洲,一切都似乎被烤化了:铁轨因热膨胀变形,火车不得不减速慢行甚至停开;核电站因冷却用的河水或海水升温,导致不能正常发电;高温烤枯了大片大片的树林和草场,造成森林火灾频频发生……在城市和乡村,许多单位和家庭的电器因高温而功能紊乱,不能正常使用,就连巴黎著名的埃菲尔铁塔也没能幸免于难,在烈日的长期暴晒下,铁塔顶端的一个电器线圈有一天突然起火燃烧,冒出缕缕青烟,让各国游客为之震惊。

阿尔卑斯山脉是欧洲最高的山脉,它横贯法国、意大利、瑞士、德国、奥地利和斯洛文尼亚等国家。这座巍峨雄峻、风光旖旎的大山也未能抵抗住热浪的侵袭,在长达数月的烈日照射下,山顶上的积雪大量融化,露出了过去难得一见的峰巅。高温干旱还导致河流水位下降、航运受阻,使农作物大量减产,损失十分严重。

成千上万人热死

这场高温热浪带给欧洲的影响,不亚于一场战争:成千上万鲜活的生命被热魔吞噬,在高温热浪达到鼎盛的8月,仅仅两周之内,便有上万人被夺去生命——整个2003年夏季,欧洲各国约有35000人死于热浪袭击。

死亡人数最多的是法国。进入8月后,法国的气温一浪高过一浪,首都巴黎的气温更是达到了自1873年有纪录以来的最高值。高温像一道无形的地狱之门,将人们牢牢困守其中,老年人成了热浪的首批受害者:持续多日的高温天气,使得心脑血管患者难以忍受,出现了中暑、热中风等症状。很多老年人在家人外出度假时,选择独自一人留守家中,结果在热浪袭来时,他们在家中悲惨地死去,还有些老人虽然被抢救过来,但也死在了人满为患的医院和养老院里。8月29日,法国政府首次向外界公布,在当月前两周持续超过40摄氏度的高温中,共有超过1.1万人死亡。由于死亡人数剧增,法国各地的太平间和墓地"不堪重负",政府不得不启用超市的冷藏库暂存尸体。在巴黎南部的朗吉斯,一个占地4000平方米的冷藏库便被政府征用,改成了临时太平间。

持续不断的热死人事件,引起了法国公众的震惊和愤怒,因为在同样遭受酷暑的周边邻国,死亡者总数不过1000多人,而法国还自称拥有世界上最完备的医疗设施和最好的医疗体系。在政府公布的报告中,专家们指出,热浪固然是上万人被杀的罪魁祸首,但在此期间,医生人手和医院床位不足也是造成众多老人死亡的原因之一。他们认

为"众多的从业人员在同一时间启程去度假"对"紧急情况下的服务能力有严重影响"。另外，实行每周 35 小时工作制，尤其在传统的 8 月假期期间，很难保证医疗机构人手够用。

在巨大舆论压力之下，法国卫生总局局长阿本哈伊姆不得不引咎辞职。但他坚持声称，自己只是这场危机的替罪羊而已。

动物难逃厄运

无处不在的热浪，同样对动物们的生存造成了严重挑战。在 8 月的炎炎烈日下，欧洲各国动物园想尽一切办法，以帮助那些珍贵的动物们度过酷暑。

北极熊长着一身厚厚的皮毛，本来就怕热的它们，在热浪中更是痛苦异常。为了给它们解暑，西班牙马德里动物园的饲养工作人员制造了大量的冰块，让它们整天待在冰水里，到了后来，工作人员给它们喂食时，甚至都要将食物裹在冰块中——并不是所有的动物都有这样的运气，由于炎热，法国伊尔—维兰省有 2.5 万家禽不幸倒毙；在布列塔尼地区，有数千只鸡被活活热死；在莱茵河流域，数万条鳗鱼窒息死亡，尸体飘满了河道……而一些动物为了活命，不得不自己想办法：布谷鸟等一些鸟儿提前迁徙，远走高飞；各种鱼类由于炎热，在水下潜得更深；初夏的干燥使植物大量枯萎，昆虫数量少了许多……这一年夏天，在热浪笼罩之下，欧洲大地白天也很难看到鸟儿飞翔的影子，而夜晚则很少听到昆虫的吟唱。

「热浪灾难警示」

"圣诞树"大批枯死

这一年夏天的高温热浪,给整个欧洲都留下了难以忘却的记忆,而对法国人来说,酷暑留下的不仅仅是酷热的印象,而且还影响到今后整整五年的圣诞节:持续的高温天气,使法国当年新植的100多万棵"圣诞树"枯死——这意味着,直到2008年的圣诞节,法国人都将奇缺圣诞树。

罕见的高温热浪天气,还将法国凡尔赛宫一棵321岁"高龄"的古橡树活活烤死。1682年,法国国王路易十四搬到凡尔赛宫时,栽种下了这棵橡树,因为路易十四的皇后玛丽·安托瓦内特喜欢在这棵橡树下乘凉,所以它被命名为玛丽·安托瓦内特之橡树。321年过去,这棵树虽然老得只剩下了几根树枝,但据凡尔赛宫中的园艺总管阿伦·巴拉顿介绍,如果不是热浪袭击,它仍可以再活三、四十年!

高温热浪还使各国的农业遭受了重创,以葡萄种植闻名的法国,境内的葡萄严重减产,在一些地区,葡萄的收成甚至不到往年的百分之五十。而葡萄的歉收,又严重地影响到了法国的红酒产业,导致当年的红酒产量比往年减产了至少百分之三十。

这场灾难警示我们:在高温热浪面前,人类永远是渺小的,我们必须正对现实,及早防御,才能减少灾难损失。

南亚高温灾难

位于南亚的印度,是仅次于中国的世界第二人口大国。由于特殊的地理位置，印度时常遭到高温热浪袭击，几乎每年都有几百至上千人热死。

1998年，印度便因高温热浪导致一千多人死亡。

一个热浪频袭的国家

让咱们先来分析一下印度的气候特征。印度全境炎热，是典型的季风气候国家，一年分为3季：6月至10月为雨季，11月至次年2月为凉季（或称干季），3月至5月为热季。从3月开始，随着太阳角度的逐渐升高和日照时间的延长，当地的气温逐渐升高。这时候，只有偶尔的一些雷阵雨能使大地"退烧"。到了5月，当地进入热季的鼎盛时期，内陆地区的气温常常会窜到40摄氏度以上。按照正常情况，5月下旬季风就会挟带大量雨水如期而至，不过，季风有时并不那么"听话"，一旦它"失约"，印度就会继续受高气压控制。这时，天空往往连续多日无雨，再加上从西北沙漠地区吹来的干热风，在印度中南部内陆地区就会形成50摄氏度左右的高温，这就是所谓的热浪。据专家介绍，热浪在印度几乎是年年有，只是范围大小不等、持续时间长短不同而已。

热浪是印度的主要灾害性天气之一。据专家分析，印度之所以频频遭到高温热浪袭击，地理方面的特殊性也是一个原因。印度的整个国土，看起来像一个倒置的三角形，而且北高南低。它的南面一直延伸到浩淼的印度洋边上，这里地理纬度较低，太阳照射时间长，地面吸收的热量多，而它的北面有世界上最高大的山体——喜马拉雅山，巍峨高耸的山脉挡住了北方冷空气南下，使得南面的高温有恃无恐，因而极易形成热浪。

「热浪灾难警示」

高温热浪来了

1998年5月初开始,印度便被高温天气笼罩了起来,40摄氏度以上的高温频频出现。到了5月中旬后,高温天气进一步加剧,印度南部和北部部分地区都出现了持续高温,最高气温平均在43.5～47摄氏度,个别地区的最高气温甚至接近50摄氏度。

没有到过印度的人,可能无法体会在这种高温下的感受。印度的热有一个显著的特点,那就是早晚的温差小:上午7点出门,气温便在37摄氏度左右,在大街上走不到三百米,浑身便大汗淋漓,衣衫早已湿透。据在印度工作过的中国专家介绍,在四十多摄氏度的高温下行走,阳光照在身上,让人真的有一种"骄阳似火"的感觉,不到一分钟时间,就会感到全身火辣,裸露的肌肤更是被灼得生疼。有人形容:在这种高温天气里,连蚊子和苍蝇都会被晒死而绝迹。

在高温热浪统治下,印度整个社会活动的节奏都放慢了,机关单位下午都不上班,有些商店也不开门,各种社交活动都停止了,一般人家白天不做饭,很多人躲在家中或阴凉处……在许多地方,城市仿佛失去了生机:街道上车辆稀少,行人十分罕见,只剩下一条条吞吐着热量的白晃晃的马路。

上千人被夺去生命

随着高温天气持续,滚滚热浪在城市和乡村开始"杀人"了。

在城市,热浪杀害的对象大多是农民工。与许多发展中国家一样,印度也有大批的农民涌入城市打工,他们没有能力在城里买房,也没有余钱租房,于是便自己动手,在城郊修建了一个个简易的棚子当居所。这些用木板、铁皮、塑料布搭的棚子,既不防雨,又不能抗高温,加之缺少水电供应，农民工们连电扇都不能用，大家热得无处躲藏，很多人因此中暑。几乎每天都有悲剧发生：有人在家里吃饭，吃着吃着，一头栽在地下，便再也没能爬起来；有人上午出门干活，走出家门后，便再也没能回来；一些跟着父母住在棚子里的孩子，偷着下河游泳，结果有的孩子被河水冲走，有的溺死，成了热浪天气的牺牲品……

此外，那些在街头摆摊的小贩以及流浪汉也屡屡被热浪击倒，他们一旦中暑倒下，等待他们的大多都是死亡。三轮车、卡车司机也经常中暑。5月下旬的一天，一名年轻人开着一辆货车到城里送货，到城里把货卸下后，他便感到浑身不适，就在他准备返回时，一头晕倒在方向盘上，货车失控冲向一个水果摊，酿成了一起惨烈车祸。

在乡村，热浪也到处肆虐。由于高温天气持续时间长，加上去年雨季雨量不足，导致许多小河、水库、池塘干涸，人、畜饮水十分困难。为了找水，村民们往往要跑几千米以外，许多年老体弱者无法承受，一些人在找水的路上便倒下了。

这股热浪持续时间之长，面积之广，死亡人数之多，为50年来所罕见。根据官方公布的数字，截至6月2日为止，全印度共有1045人在热浪中丧生。到热浪结束时，死亡人数增加到1359人。

在人类遭罪的同时，动物们也没有逃脱厄运。印度是野生动物的天堂，但这一年的高温热浪使天堂变成了地狱。在一些野生动物保护区，烈日烤干了水源，导致动物们无水可饮，一些大象被活活渴死，而一些大象则因为喝了被污染的水源，导致肠道感染而死亡。孔雀也在这个季节被折磨得不轻,它们漂亮的羽毛此时成了沉重的负担,由于散热不畅,一些孔雀被活活热死。

唯一活得比较滋润的动物是猴子,由于当地人对它们十分迁就,机灵的猴子在缺水时,就会跑到附近的村庄去找水喝。在一些神庙里,还有专为猴群准备的水池,不过,随着水池中的水逐渐干涸,不同的猴群为了争夺水源,也时常发生大规模的争斗,它们在抓斗中发出的惨烈叫声,在炎炎烈日下传出很远很远。

澳洲热浪灾难

澳洲即澳大利亚,这个总面积达769.2万平方千米的国家,是全球面积第六大国,也是全球最干燥的大陆,这里降雨稀少,高温热浪时常光顾。

2009年初,澳大利亚东南部遭受了150年来最炎热的热浪袭击。高温热浪不但给各行各业造成巨大影响,而且热浪助发山火,酿成了一场200多人死亡的"黑色星期六"惨剧。

高温炙烤新年

位于南半球的澳大利亚,与北半球的季节刚好相反:当北半球处于盛夏季节时,澳大利亚正好是隆冬,而当北半球雪花飘舞、寒气袭人时,澳大利亚却正是烈日高照、酷暑逼人的盛夏。

高温热浪从2008年底便开始初露端倪。2009年1月1日,澳大利亚东南部地区迎来了新的一年,然而,在新年的钟声中,当地居民企盼已久的炎热并没有丝毫减轻。这一天，西澳大利亚州首府珀斯的气温突破了35摄氏度，而维多利亚州首府墨尔本的气温也不逊色。在"火热"氛围中，人们勉强过了一个新年。元旦之后，热浪变本加厉，气温在烈日的照射下步步攀升。1月上旬，澳大利亚南部一些地区气温便突破了40摄氏度。1月28日开始，高温热浪进一步加剧，到2月3日为止，墨尔本市的气温一直保持在40摄氏度以上，而维多利亚州部分地区更是观测到了48摄氏度的高温。据气象数据统计，这种高温热浪现象，是自1855年有相关记录以来的第一次。

热浪的严重影响

生活在滚滚热浪之中的人们苦不堪言，截至2月4日，当地便有近30人被高温夺去了生命，这些不幸的遇难者大部分是老年人，过度的炎热，导致他们产生心脏病等并发症而死亡。在死亡名单中，有一位年仅24岁的小伙子。1月28日这天，他在有轨电车车站等车时，突然休克一头栽倒在地，路人赶紧将他送到医院，然而他再也没能醒来。1月30日，是南澳大利亚州居民的噩梦日：这一天，该州被热晕而送到医院的患者络绎不绝，医护人员忙得不可开交，床位也一度紧张。尽管医院全力抢救，但仍有一些患者被死神夺走生命，仅阿德莱德就有19人死亡，其中14人是老年人。

在持续多日的热浪袭击下，一些铁轨因热变形，东南部地区交通系统几近瘫痪，维多利亚州仅1月29日便取消数百次列车；墨尔本和阿德莱德等大城市的多处建筑工地被迫停工，工期延长，令多个建筑公司蒙受损失；热浪对电力行业也造成了巨大影响，1月30日，墨尔本市北部部分地区大停电，导致超过50万居民以及商户无电可用，损失严重……高温热浪袭击维多利亚州时，正值澳大利亚网球公开赛在墨尔本如火如荼地进行，步步紧逼的热浪，迫使这项著名的体育赛事被迫调整时间，这使得世界各地的电视转播机构不得不临时调整转播时间，对此，包括费德勒在内的多位著名运动员提出了不满。而在调整日期后的比赛中，由于天气太热，球员在炎炎烈日下汗如雨下、直喘粗气，观众们则干脆逃离了看台，全都躲到遮阳处观看比赛，使偌大的体育场内显得空空荡荡；下午，在猛烈的热浪进攻下，澳网主赛场罗德·拉沃竞技场不得不在部分比赛中关闭顶棚，全场被迫开启空调。

此次高温热浪，可以说是对澳大利亚经济在遭受全球金融海啸后的又一次重大打击。

悲惨的黑色星期六

在连续的高温天气影响下，各地的森林、草场等极易燃烧，处于一触即发的状态。2月7日，一场大型山火降临维多利亚州，大面积的农田和森林被摧毁，200多人死于火灾，1万多人无家可归。

这是澳大利亚历史上最惨重的一次森林大火，因为该场大火发生在星期六，因此被称作"黑色星期六大火"。

据一名叫休斯的幸存者讲述，这场大火火势之猛烈、蔓延速度之快完全超出了大家的想象。2月7日下午，他在位于墨尔本东北圣安德鲁斯山上的住所观察远处火势。当时，他确信看到的浓烟离自己很远。但就在突然之间，西北方向一千米远的地方出现了火苗和浓烟，火势借助风势向他袭来。"火向这边刮来了，赶紧转移！"休斯只用了几秒钟时间向邻居报告火情，转眼之间，大火已经烧到距离他家房屋只有50米的地方，那里，几棵小树被大火卷入其中，开始猛烈燃烧起来。热浪和灰烬吹过来，像一座敞开着的鼓风炉；呼啸的火苗，像一列奔驰的列车。休斯和邻居们赶紧逃离家园。

对一些幸存者来说，生死或许就在一念之间。2月8日凌晨，当地居民索尼娅一家接到朋友电话，警告火势可能蔓延到她家住所附近。

热浪袭人
RELANG XIREN

她和家人迅速把少量东西带上轿车准备出发,大火不经意间已经迅速逼近,发出像飞机引擎一样的轰鸣声。撤离途中,他们发现前行道路已经被火焰封死,只能返回到一处老旧的砖瓦房躲避。不料,猛烈的火势迫使他们再次逃离。当时,屋子两扇大门都着火了,他们看不清任何东西,离开屋子时,索尼娅以为自己死定了,所幸的是,她和家人发现了一处小溪,他们随即蹲坐其中,同时将一条浸湿的毯子盖在头顶。"这是条很浅的小溪,但有足够的水和空间。当火焰袭来时,我们头盖毯子坐在泥浆中,"索尼娅说。当火势渐渐消停,他们走出小溪时,眼前大约20座房屋只有3到4座没有倒下。

肆虐的大火最终造成了惨重的灾难,火灾过后的恐怖情景犹如遭受了原子弹袭击。据当地警方分析,这场大火虽然是人为纵火,但长期的高温和干旱使得森林大火更易扩散,而时速高达115千米的风速也加速了火势的蔓延,致使许多人来不及逃离住所便被烈焰吞没。

这场灾难警示我们:当高温热浪袭来时,居住在山区的人们要警惕森林大火,随时做好逃生准备!

饥饿的非洲之角

非洲的全称是阿非利加洲,它的意思是:阳光灼热的地方。在灼热的阳光照射下，非洲大部分地区常年热浪滚滚，持续高温天气频频造成特大干旱。

2011年夏季，有"非洲之角"之称的非洲东北部便遭遇了一场特大干旱，上千万人饱受干旱和饥饿的肆虐。

干旱的"非洲之角"

非洲之角包括吉布提、埃塞俄比亚、厄立特里亚和索马里等国家，总面积约200万平方千米，人口9000多万。按照其地理位置，"非洲之角"又被称为东北非洲，它实际上是东非的一个半岛，位于亚丁湾南岸，向东伸入阿拉伯海数百千米。

非洲之角到赤道和北回归线几乎是等距离的，也就是说，它与赤道的距离很近。我们都知道，地球上其他靠近赤道的地方都阳光炽烈、降雨充沛，但非洲之角尽管靠近赤道，但这里除了阳光炽烈之外，却没有充沛的降雨。老天似乎对这里特别苛刻，每年热带季风到达这里时，已经剩下不多的湿气，因此，非洲之角的大部分地区降雨稀少。

非洲之角还是全球少有的高温之地，埃塞俄比亚的达洛尔地热区是世界上平均气温最高的地方，这里平均气温高达34.4摄氏度，目前全球还没有发现哪个地方的平均气温比这里高。此外，红海沿岸地区也是世界上温度最高的地区之一，其中7月气温可达41摄氏度，即使1月，气温也有32摄氏度左右。

降雨稀少，气温偏高，导致这里的植物生长极其困难，而且时常发生可怕的旱灾。

"非洲之角"遭大旱

非洲大部分地区一般只有两个季节，即旱季和雨季。雨季到来时，老天降下甘霖，从而使旱季里饱受肆虐的生命焕发生机。但 2011 年雨季到来时，非洲之角却没有如期降下大雨。没有雨水滋润和降温，广袤的大地一片焦渴，那些在旱季中好不容易挺过来的生命，在高温的炙烤下很快枯萎了。

这场 60 年来最严重的干旱，使得非洲之角的索马里、肯尼亚、吉布提和埃塞俄比亚大部分地区受灾，1200 多万人遭受干渴和饥荒，其中受灾最严重的国家是肯尼亚。

让我们随着时间顺序，一起去看看热浪和干旱下触目惊心的镜头——

7 月 22 日，在肯尼亚北部的伊西奥洛地区，炎炎烈日之下，一名桑布鲁民族妇女头顶水桶去取水。她家附近的水源已经完全干涸，为了取水，她每天必须走几千米的路。在取水的路上，和她一样头顶木桶的人们，最担心的一件事，就是在路上被晒晕或体力不支倒地。

8 月 5 日，在肯尼亚北部的卡丽莎地区，牧民们将牛群赶到荒漠地区放牧。这些荒漠地区极度缺水，放眼望去，地上黄尘滚滚，几乎看不到一点绿色。由于较长时间没有吃到鲜嫩的青草，这些牛极度瘦弱，它们在烈日下喘着粗气，有的老牛走着走着，栽倒在地便再也爬不起来了。家畜大量热死、渴死的同时，斑马、牛羚、大象等野生动物更是频频死亡，大草原上，随处可见森森白骨，景象令人心惊。

8 月 13 日，在索马里首都摩加迪沙的一处鱼市附近，两个孩子坐在阴凉处，无精打采地玩着龟壳。这些龟壳是他们从一个干涸的池塘里捡到的。由于天干无雨，在烈日暴晒之下，许多河流和池塘干涸，露出了干裂的底部，无处可逃的水生动物们被全部活活干死，很快便只剩下一堆堆白骨。

8月17日，在肯尼亚北部姆温吉地区的蒂亚村，村民们将干涸的河床挖开，希望能找到水。河床被挖了很深，水依然不见踪影，好不容易有一个深坑浸出了一丁点浑浊的水，马上便有干渴难耐的村民将水舀出来，直接倒进了嘴里……

饥饿的"非洲之角"

高温干旱不但烤干了大地上的水，还使得广袤的地区充满了饥饿，尤其是饱受战乱之苦的索马里，更是陷入了"非洲有史以来最严重的粮食危机"。8月15日，非洲联盟将这一天定为索马里日，以提醒国际社会关注索马里状况和非洲之角的饥荒。

干旱和食品短缺迫使难民们不得不远走他乡。这年8月，一位叫法图玛的女人带着4个孩子，花了一个半月从索马里走到达达布。当他们到达达达布时，孩子们的脚上沾着沙子，皮肤皲裂，渗出鲜血。法图玛说："天气酷热，没有避难地。我离开在索马里的丈夫，不知道还能不能见到他。"据这名母亲介绍，她所在的村庄和邻村的水井都干涸了，她喂养的15只山羊一只接一只地渴死、饿死。没有吃的，她只得带着孩子们出门讨要食物，但无论走到哪里，周遭都是和自己境况相似的村民。

法图玛和她的孩子们还算是幸运的，在这一年，索马里大约有六分之一的儿童没能够过上他们五岁的生日，因为这些营养不良的儿童在烈日下长途跋涉寻找食物时，有的筋疲力尽而死，有的因中暑或缺水而死。而在肯尼亚，也有超过6万名儿童夭折，他们大多死在逃难的路上。

随着非洲之角地区干旱的加重，更多的索马里人逃难至首都寻求救济，使得摩加迪沙的饥荒状况进一步加剧。还有一些难民逃往邻近的埃塞俄比亚，使当地情况愈加混乱。在联合国的援助下，靠近索马里的肯尼亚达达布建立了难民营。很快，那里便成为了世界上最大的难民营，每周都有成千上万的索马里人逃到那里，本来难民营设计容量为9万人，但难民人数爆增到将近40万。难民营的儿童"筋疲力尽、营养不良、严重脱水"，为了救助这些孩子，不少国家派出医疗队赶赴当地，但仍有不少孩子未能逃过生死劫难。

这场灾难警示我们：高温热浪造成的干旱是十分可怕的，人类只有团结起来，共帮互助，才能渡过难关！

酷热俄罗斯

我们都知道，俄罗斯的地理纬度较高，国土大部分靠北，正常情况下，这个国家的夏季不会太热。不过，2010年夏天，高温热浪却长时间笼罩着这个国家，导致民众惊慌失措，森林火灾大面积暴发，上百人在热浪事件中丧生。

罕见高温袭击

对许多俄罗斯人来说，酷暑是一个很陌生也很不习惯的天气现象，许多人从小就习惯了凉爽的夏日。如首都莫斯科夏季的日平均气温只有23摄氏度，在其他地区人们热得流汗的时候，这里却鲜花盛开，气候宜人，因此，包括莫斯科在内的俄罗斯广大地区，是许多酷热国家或地区的人们避暑的首选之地，每年盛夏季节，都有大批的"老外"来到俄罗斯避暑。而俄罗斯人如果想晒日光浴或感受酷暑，就只能利用暑期专门去南方。

不过，2010年夏天，俄罗斯人不用走出家门，也体验到了什么叫"酷暑难耐"。从6月底开始，俄罗斯大部分地区便很少下雨，在强烈的太阳照射下，气温一路攀升，特别是莫斯科自6月底之后，白天气温便连续超过30摄氏度，日最高气温一路攀升，二十多次打破了该市气温的历史纪录，38摄氏度左右的高温竟持续了一个多月。俄罗斯水文气象中心主任罗曼·维利凡德指出：38摄氏度的气温一般只在撒哈拉沙漠和中亚地区出现。他告诉记者："俄罗斯今年夏季的天气，不仅仅是有气象观测记录以来最奇特的，也是近5000年来都从未有过的。"据维利凡德分析，俄罗斯夏季高温的原因，是因为一个强大的暖气团在作怪，这个气团是一个反气旋，它从6月21日起便笼罩在俄罗斯欧洲部分上空，并且一直持续了近50天，正是它阻止了来自北方和西方的冷空气，使得俄罗斯大部分地区高温少雨。

莫斯科乱了套

5000年一遇的酷暑，给俄罗斯的政治经济生态和自然生态都带来了或大或小的微妙影响，也影响着普通百姓的日常生活。

在首都莫斯科，酷热难耐之下，除了用水用电量激增外，平常难得使用的空调空前热卖，价格翻了好几倍，更大的问题在于，买空调易，装空调难：安装空调的时间表已排到了3个月以后！高温之中，更离奇的是空调失窃案明显上升。有一天，一位青年准备回家检查一下新买空调的安装情况。到家一看，空调和安装工人一起消失了！他立即打电话报警。警方很快抓到了3名安装工和他们"顺手牵羊"带走的新空调。他们向警方承认：因为觉得房屋主人出的空调安装费太少，于是决定把新空调机直接拿去倒卖了，再把赃款分掉。

买不到、装不上空调的人们，有的干脆全家人直接跑到市内的宾馆、酒店开房,享受那里的空调。家里不宽裕的市民,则选择晚上睡在有空调的汽车里,或直接睡在户外草地上。

"上班族"们蹭空调的现象也很普遍。出现高温天气后,莫斯科许多单位出于人道主义考虑,专门为员工在办公室安装了空调并配了冷水机,员工们上班的积极性大大提高,在公司的工作时间明显延长,然而调查却显示,84%的莫斯科人承认,酷暑中的工作效率"很糟糕"。

为了逃避酷热,不少家庭在假期或周末,全家人一起到河边或水库库区避暑。凉爽的河水使酷热减轻了不少,然而一些人也为鲁莽行为付出了代价,在水库、河流中游泳时,不少人送了命,据统计,7月初开始,短短一个月不到,就有70人在游泳时溺水身亡。

而在莫斯科之外的地区,其他俄罗斯人也同样饱受高温热浪的煎熬。8月12日,全俄社会舆论研究中心公布的最新民调结果显示,75%的俄罗斯人认为由于今年夏天遭遇异常高温,自己的健康状况感觉下降,并且有47%的人担心高温会导致生态灾难。

林火烟雾令人窒息

持续的高温热浪天气,还引发了一个令人谈虎色变的灾害——森林火灾。

俄罗斯是世界上森林面积最大的国家,广袤的森林护卫着城镇和乡村,使得这个国家格外美丽。然而,在高温热浪肆虐下,2010年夏天,俄罗斯全国共发生了25280起自然火灾。熊熊大火令人恐惧,而遮天蔽日的烟雾更是令人窒息。截至8月7日,俄罗斯的火灾面积达到了193500公顷,死亡人数超过50人。特别是首都莫斯科周边的森林火灾,给人们身心健康造成了严重影响。

从8月5日傍晚开始,周边持续森林大火产生的烟雾便将莫斯科完全笼罩。市区上空被厚重的烟雾遮蔽起来,地面能见度仅数十米。

当天中午时分,天色也如同黄昏一般,大街上行人、游客稀少,车辆只能缓缓前进;空气中,弥漫着一股刺鼻的焦煳味,人们感到呼吸困难,胸闷咳嗽,眼睛刺痛,不少更是眼泪长淌;医院里,挤

满了被烟雾呛出毛病的人。医学专家称,莫斯科空气中悬浊颗粒含量已超标2倍,而一氧化碳的浓度更是超出允许范围近3倍。为了防止呼吸道受损,人们掀起了抢购棉纱口罩与防毒面罩的风潮,各药店排满了长队,出现了一"罩"难求的现象。

由于烟雾持续弥漫,在莫斯科工作的部分外国人也待不下去了:德国驻俄大使馆和驻莫斯科领事部暂停工作,奥地利、波兰和加拿大驻俄使馆的部分外交官及其家属紧急撤离,美国、法国和保加利亚赶紧发出通知,提醒本国公民谨慎前往俄罗斯宣布实施灭火紧急状态的地区⋯⋯

这场高温热浪还给俄罗斯农业带来深重影响,俄东部和中央区东南部有9500多万公顷农作物枯死而颗粒无收,其中旱灾严重的伏尔加河沿岸地区和俄欧洲东南部地区,逾四成春播农作物枯死,七成以上油菜籽和大豆颗粒无收,俄农业大省奔萨州也有四分之一的农作物旱死,28万多公顷土地绝收。

"凉爽之国"的噩梦

近年来,随着全球气候变暖,高温热浪、暴雨、台风等极端天气

事件呈加剧趋势,特别是高温热浪几乎年年不请自到。2013年夏季,一场高温天气便降临欧洲最大的岛国——大不列颠及北爱尔兰联合王国(即英国)。

热浪裹挟之下,这个经济、科学和文化高度发达的国家也一度面临严峻形势,成千上万人的生活受到严重影响,近800人被活活热死。

"凉爽之国"遭遇热浪

英国的国土面积全部位于大西洋的岛屿上,这里属温带海洋性气候。在盛行西风的吹拂和海洋的影响下,英国的气候温和而湿润,一年四季寒暑变化不大,因此被人誉为"凉爽之国"。这里最高气温通常不超过32摄氏度,最低气温不低于零下10摄氏度,在最低的隆冬1月,这里的平均气温也有4~7摄氏度,而盛夏7月的平均气温只有13~17摄氏度。除了气温冷暖适宜,英国的降水量也很充沛,这里年平均降水量约有1000毫米,非常适合植物生长,因此,不管城市还是乡村,放眼望去总是绿色葱茏,景色宜人。

通常情况下,英国的夏天都较为清凉,最高气温即使达到30摄氏度也不会持续太久,然而2013年夏天,这种清凉的感觉对英国人来说便成了一种奢望。这一年进入7月后,天上的云便若有若无,毒辣的太阳几乎天天悬在空中,将大地烤得尘灰飞扬;空气像被发酵或加热过似的,让人喘不过气;气温节节攀升,白天气温动辄超过30摄氏度大关,7月17日,气象部门更在伦敦西南部观测到了32.2摄氏度的最高气温,创下了该国全年最高气温纪录。

除了气温偏高,这一年夏天英国的降水量也极不正常。据气象部门统计,7月过去了大半,而英格兰和威尔士地区的平均降水量只有4.9毫米,仅为该地区往年7月全月平均降水量的15%。没有雨水降温,热浪越发猖獗。这一波高温热浪一直持续到8月,对当地人来说,

「热浪灾难警示」

这无疑是一个可怕而又真实的梦境。

"火热"悲剧层出不穷

在高温天气刚降临的那段时间，不少英国人还挺高兴的。因为过去夏天英国的天气虽然很凉爽，但天空时常阴阴沉沉，云雾较多，晴好的日子总是屈指可数，现在天天都是大太阳，这让喜欢晒日光浴的人们乐不可支：过去为了晒太阳，要跑到地中海或非洲等地去，现在足不出户就能享受到日光浴，真是太幸福了！于是，那段时间去英国旅游的人总能看到这样的情景：不管是在海边还是公园，一群一群的人光溜溜地躺在那里，把自己晒得汗流浃背，皮肤变得像酱牛肉一般的颜色。

不过，在这些晒日光浴的人们之中，有不少人被强烈的阳光灼伤了皮肤，在痛痒难耐之下，他们不得不到医院里就医。还有人被太阳晒晕而酿成了悲剧，在达姆勒郡康赛特地区，一名21岁的青年在房顶上晒日光浴时，不幸滚下来当场身亡。医生分析认为，这名青年可能是在屋顶晒太阳时，被高温晒晕而滚下房顶的。

随着高温天气加剧，各地的"火热"悲剧越演越烈：一名叫格雷厄姆·贝内特的英国皇家邮递员在送信过程中，因为气温太高突然中暑，倒地后不治身亡，死时年仅29岁；在一次出警中，两只警犬因为被独留在户外的警车上而死亡；在炽热的阳光诱使下，人们成群结队涌到河边游泳，结果在数天内便有10多人溺亡；在牛津郡的一个划船比赛中，数十名观众在高温下呐喊助威，但很快便有人因天热而晕倒，不得不紧急送到医院；因为天热，园林工人在修剪草坪时穿着拖鞋，结果一些人不慎被剪掉了脚趾……高温热浪还导致火灾频频发生，仅在伦敦，7月便平均每天发生21次草地着火事件，其中在克里登附近的一次火灾，使一块面积大约四块足球场之大的草坪几被烧毁。

高温热浪天气使一切都乱了套,很多人出现呼吸困难、胸痛、失去知觉,甚至晕倒的症状,仅在7月的高温天气中,便有760人因为热浪而死亡。而医院也成了最忙的地方,随着英国气象局将伦敦和东南部的热浪警告由第2级提升至第3级,所有医院都进入了戒备状态,病人家属被要求缩短探访时间,以防太多人挤在病房中,而医院员工也加紧监视病房,确保温度适宜。

"闷罐车"热煞人

高温极端天气,对人们出行造成了极大影响,特别是那些不得不冒着高温到单位去的"上班族"。由于英国一年四季气候温和,因此很多公交车和地铁都没有安装冷气。猝然而至的高温热浪天气,使一辆辆公交车和地铁成了名副其实的"闷罐车"。7月17日,白天气温达到32摄氏度时,地铁内的温度更是高达36摄氏度,不少乘客因闷热而晕倒。

英国是工业革命的发起地,也是火车的发源地,其首都伦敦的铁路交通十分发达,因此有"铁路故乡"之美称。持续的高温热浪,将火车铁轨也"烤"变形,使得伦敦重要铁路中转站"滑铁卢站"的四个月台必须关闭,上千名乘客受到了影响。

与公交车和地铁一样,英国许多办公室、超市都没有冷气,人们冒着高温酷暑在"火热"的办公室里上班,与在"闷罐车"里一样难受,一些人因此中暑晕倒。因为担心高温可能造成员工发生意外或死亡,英国国会议员发出建议:气温达到30摄氏度时应放"高温假"。

而工会也发出通知，呼吁雇主让员工不用打领带和穿西装，可以换上T恤短裤上班——汹涌的热浪，让素有绅士风度的英国人彻底放下了面子，他们不得不打着赤膊坐在办公室里处理工作。

高温袭击芝加哥

美国也是一个常遭高温热浪肆虐的国家。1995年夏天，一场可怕的高温天气袭击该国第三大城市芝加哥，短短一周之内，热浪便夺走了600多条性命。

这场高温热浪灾难，被认为是美国历史上该地区最为恶劣的自然灾害之一。

高温袭击芝加哥

咱们先来了解一下芝加哥这个城市。芝加哥位于美国中西部，东临密歇根湖，是美国最重要的铁路、航空枢纽，同时也是美国最为重要的金融、文化、制造业、期货和商品交易中心之一。这个诱人的大都会，被誉为全球十大最富裕城市之一，富裕指数仅次于东京、纽约、洛杉矶，排名世界第四。美国著名作家诺曼·梅勒曾写道："芝加哥是一座伟大的城市，它也许是美国硕果仅存的伟大城市。"

不过，这座伟大的城市在1995年的夏天，迎来了最为悲催的一周。芝加哥的气候一年四季分明，一年中最热的7月，平均最高气温为29摄氏度，之所以气温不算太高，是因为芝加哥夏季雨水很多，时不时的雷阵雨，总能将高温浇灭在萌芽状态。但是，1995年的7月中旬，当地几乎滴雨未下，高温持续不断，最终酿成了一场灾祸。

7月11日，芝加哥的最高温度升至32摄氏度，之后气温一路飙升：12日达到37摄氏度，13日突破了41摄氏度，创下了历史新高。13日之后气温稍有回落，但仍维持在较高的位置上：14日最高气温39摄氏度，15日37摄氏度，16日和17日最高气温也有30多摄氏度。

持续不断的高温形成热浪，在芝加哥这座世界大都市疯狂肆虐。

六百多人被热死

7月13日这天，当气温飙升至41摄氏度时，整座城市仿佛被放进了蒸笼中，热浪裹挟着空气中的污染颗粒，让人透不过气来。老人和孩子在热浪中痛苦地煎熬，不断有人热晕被紧急送往医院救治。这一天的高温虽然夺走了4条生命，但并没有引起太多的重视，市长理查德·戴利在新闻里说："这时候最需要的是冷静，我们慢慢来。"

但第二天，温度并没有降下来。市政府不得不开放了更多的纳凉中心，接纳需要乘凉的人，尤其是老人。全城用电负荷大增，不少公司因为没有应急发电机，不得不控制空调的使用。酷热难耐的人们跑上街头，打开消防栓取水降温，结果导致水压急剧下降，23个纳凉中心因此关闭。一批又一批的人被热晕，昏倒在街头，随后被紧急送到医院。各医院急诊室人满为患，不断有人死去。从14日夜晚开始，冷藏卡车在全市大街小巷忙进忙出，将尸体源源不断地送走。接下来的 7 月 15、16 日两天是周末，热浪更是露出了狰狞的獠牙。救护车四处出动抢运患者，在一些医院门口，一辆接一辆的救护车排成长队，等着将患者抬下来救治；由于患者太多，大部分医院不再收容患者……死亡人数很快超过了 400 人，但政府仍没有把热浪当作灾难对待，也没有宣布进入紧急状态。市长戴利再一次在电视上号召市民多和家人、邻居互动，同时关心老人——这些话没有起到多少安抚人心的作用，人们反而认为，市长是在为反应迟缓推卸责任。

到了 17 日周一，又有 100 多人死亡。短短一周时间，芝加哥共有 600 多人被热死。到那年夏天结束时，全市热死人数达到了 739 人。

穷人成受害者

在这次可怕的高温热浪中，穷人成了灾难的最大受害者。

在芝加哥这座繁华的大都市里，黑人与拉美裔聚居的南区被旅行指南标注为"危险地带"，大批穷人便居住在这里，一些人甚至无家可归。当热浪袭来时，他们没有足够的钱降温防暑，只得用身体与高温天气抗衡。"热得无处遁形。你可以看见蒸腾的热气降落在混凝土地面上。"当年一个居住在南区的黑人居民厄内斯特这样描述。

1995 年夏天，49 岁的厄内斯特独自居住在芝加哥南区一栋公寓里，家中房屋简陋、窄小，而且没有安装空调。当气温蹿升到 37 摄氏度便不肯下来后，厄内斯特感到呼吸急促，浑身不适，为了降温，他头上裹着湿毛巾，不停地摇扇、喝水，每隔一会儿就往身上浇水，但依然感到闷热无比。"我当时身体健康，但感觉非常不舒服，也有点害怕。你知道么？如果突发心脏病或晕厥过去，没人会发现。"时隔多年后，他回忆起当时的情景，仍然感到后怕。

热浪中的遇难者大部分是穷人，而在贫困群体中，白人的死亡率反而比黑人更高，拉美裔的最低。专家后来分析，这是因为黑人和拉美裔习惯聚居，社区关系更加紧密，大家在困难中互相帮助，在一定程度上避免了更多不幸的发生。而白人则不同，白人老人们大多居住得很分散，而且随着城市诚信的缺失，人们不再信任和熟悉自己的邻居，因而在热浪来临时，一些老人在家里中暑却没人施救，甚至有的在家中去世也没人发现，所以在热浪中遇难的人，有较大一部分是独居老人。

这次热浪灾难震惊了美国，不少专家开始对如何防御热浪进行探讨和研究。而芝加哥市政府也痛定思痛，很快制订并推出了一套热灾防御系统——《极端天气应对计划》。4年后，这一防御系统派上了用场：1999年7月22日，根据气象部门预报，市政府启动了《应对计划》，全市公共卫生部门立即进入紧急状态；数百个纳凉中心，包括学校及所有市政建筑全部开启空调，免费向公众开放；提供免费班车接送居民；医院增加急诊床位……在全社会的共同努力下，1999年因热灾相关的死亡人数仅有110人，可以说，《极端天气应对计划》大大减少了热灾带来的人员伤亡！